U0295751

JUPITER
AND HOW TO OBSERVE IT

观测木星

John W. McAnally
〔美国〕约翰·W. 麦卡纳利 著
萧遊 译

上海三联书店

谨以此书纪念我的父母——小约翰·R.麦卡纳利以及玛格丽特·麦卡纳利，我对他们的爱与鼓励永怀感恩之心。

纪念我的岳母——玛丽·黛柯特，她总是问及这本书的情况，我将怀念她的祈望、爱与仁慈。

献给我的妻子——罗斯·安，感恩她无尽的爱与耐心。

序　言

　　观测、研究行星是任何人都能从事的活动，欢迎你加入这项美妙的消遣！我经常将业余天文学比作打高尔夫球，任何人都能参与这项运动。你可以选择在设备上花费大量资金，抑或仅进行少量投入。这项活动不分难易也不分年龄，它可以从你年轻时开始到年老一直伴随着你！并且，业余天文学家还有一个巨大的优势：我们无须像打高尔夫球那样在意我们的成绩。我对天文学的兴趣始于 20 世纪 60 年代，不是在科学课上，而是在阅读课上。我们在八年级时读了一个关于帕洛马山天文台的 200 英寸①海尔（Hale）望远镜的故事，书中还介绍了乔治·海尔（George Hale）是如何筹集资金来制造它的。我不确定究竟发生了什么，但当时我内心的某处受到了冲击，我知道我必须以某种方式参与天文学。过去我的父母很穷，所以我的第一台望远镜既便宜又小，完全不够用，但我依稀记得在每个晴朗的夜晚我都会带着它出去。后来上了高中，我又买了一台望远镜，它依旧很小，但光学性能要好得多，我的视野也随之变得更加清晰。行星尤其令我着迷，它们看起来明亮，

---

①　1 英寸约等于 2.5 厘米。——本书注释，除特别说明，均为译注

并且总是相对于星空背景运动。不论是目视观测还是通过望远镜拍摄，从恒星表面观察到的变与不变的种种总是深深吸引着我。

在写这本书时，我所希望的是初学者在读完它之后能够从中获得足够的知识，去用望远镜进行第一次有意义的观测。书中讲述的观测方法和流程大部分不甚复杂，比较易于接受，只需要读者们有足够的耐心和细心。我相信进阶的业余天文爱好者也能在这里发现足够的挑战性，特别是关于成像、处理和记录具有科学价值的真实数据的进阶部分。本书中我努力遵循一种合乎逻辑的方法。与尝试任何新的领域相同，在开展研究之前了解相关术语和科学符号非常重要。说到语言的重要性，书中我也试图让"木星语言"不那么令人发怵。了解一个学科过去的历史并思考其未来的可能走向对我们也是很有帮助的。

本书的第一部分将讨论我们已知的木星知识，预期为第二部分打下基础。第二部分则将详细讨论如何观测木星，如何以有意义的方式进行记录和报告。关于木星，有很多东西需要我们去探知并理解。我在这个学习过程中一直非常愉快，希望你也能享受你的旅程。每个夜晚都可以是一次新的冒险！

约翰·W. 麦卡纳利

凌星计时助理协调员

木星组

国际月球和行星观测者协会

得克萨斯州韦科市

伍迪德阿克斯路 2124 号

邮编：76710

cpajohnm@aol.com

目　录

第一部分

认识木星

第一章 /

早期观测

1.1 ┃ 古人所知

　　木星在夜空中显得非常明亮，我们用肉眼很容易就可以看到它。事实上，在所有的行星中，只有金星比它更加闪亮。如此明亮的木星早在望远镜发明之前就为人们所知，世界各地的古代文明都试图预测和掌握它相对恒星的运动。在神话故事中，木星朱庇特（Jupiter）是罗马人的主神，希腊人称朱庇特为宙斯（Zeus）。即使是史前人类都能注意到木星，可以想象它在天体中显得有多么明亮。我们可以将木星视为太阳系中的主要行星，正如我们接下来将看到的，如果没有这颗巨大的行星，我们甚至可能不复存在。

1.2 伽利略·伽利雷及伽利略卫星的发现

伽利略·伽利雷可能是第一个有效使用望远镜来探索天空的人，并且他被认为是第一个用望远镜来观察木星的人。1610年1月，伽利略注意到木星的赤道平面上有三个类似恒星的天体排成一排（后来他发现了第四个），这样的排列激起了他内心深处的好奇心，最终他得出结论：这些天体一定位于环绕木星的轨道上！这是一个多么伟大的发现！看到另一颗行星的轨道上也有其他天体环绕，结合当时已知的轨道理论所存在的问题，伽利略进一步得出结论，认为地球一定不是我们所观测到的宇宙运动的中心。此前伽利略的其他科学研究曾受到罗马教会的鼓励，他便将这个发现告诉了教皇。令他非常失望的是，教会立即对他关于地球不是宇宙中心的言论提出了异议，禁止他继续研究，并且也不允许公开讨论此事，后来还将他软禁了。当然，我们现在都知道伽利略是正确的，但当时木星确实给他造成了生命威胁。他观测到的这四颗卫星现在被称为"伽利略卫星"。

1.3 卡西尼和大红斑

    继伽利略之后，随着镜片和望远镜质量的提高，观测者开始探测木星表面的特征。1665 年，乔瓦尼·多梅尼科·卡西尼发现了木星上的一个"永恒圆斑"，并断断续续跟踪观察了几年。卡西尼还发现了木星的赤道流，而且它两极扁平、临边昏暗。后来，在 1879 年发现大红斑时，有人认为这是卡西尼圆斑的重新发现。然而并没有证据佐证这一点，对此我们必须谨慎，不能轻易将其当作事实[1]。

    随着时间的推移，望远镜和镜片不断改进，人们对木星有了越来越多的了解。其中有许多人在今天被认为是业余天文爱好者。然而，这些业余天文爱好者也是严谨、专注且细致的观测者，正如我们将看到的一样，当今的天文学不乏业余爱好者的一片天地，并且这片天地也许比以往任何时候都要广阔！

1.4 友好相处

　　当今的业余天文爱好者与许多在我们之前引领学科的著名观测家相处得很好，如伯特兰·皮克、哈格里夫斯（Hargreaves）、菲利普斯（Phillips）、莫尔斯沃思（Molesworth）、埃尔默·里斯（Elmer Reese），他们与同时代的如宫崎（Miyazaki）、唐·帕克（Don Parker）、菲利普·布丁（Phillip Budine）、约翰·罗杰斯（John Rogers）、沃尔特·哈斯（Walter Haas）、奥利瓦雷斯（Olivarez）等都有合作。如果没有这些观测者，木星的观测记录实际上会非常少。我们为帮助这么多出色的业余天文爱好者开展工作而感到自豪。

　　如今的望远镜和相关设备比以往任何时候都好。我仅凭想象就能知道伯特兰·皮克会为了一个好的网络摄像机或 CCD 相机付出多少。与他们相比，我们的工作要容易得多。然而，我们只希望能像他们一样保持纪律性、恒心以及对细节的关注！

　　就这样，从伽利略到现在已经过去了很多年，但木星仍然需要我们的观测！明年，或后年，抑或是再下一年，我们又会有什么新发现呢？

/ 第二章 /

木星在太阳系中的位置

无论我们将研究木星当作消遣还是严肃的工作，了解关于它的一些基本事实（包括简单的命名法）都会有所帮助。这些知识将有助于我们的研究，同时也能使我们理解其他人对木星的评说。正如我多年以来的感悟，总有新奇且令人兴奋的事物等着我们去发现和揭示，但我们必须先了解相关的术语。

那么，木星在太阳系中处于什么样的位置？我们的太阳系由许多大大小小的天体组成。在学校里我们学习了九大行星以及它们距离太阳的顺序。2006 年，国际天文学联合会（International Astronomical Union）更改了冥王星的分类，不再将其正式归类为单纯意义上的行星。现在的太阳系内有八大行星以及其他各种各样的天体。

2.1 | 物理特征

木星看起来有一系列大致与其赤道平行的明亮区和较暗带。图 2.1 展示了木星上通常可见的带和区。并非所有这些特征都随时可见，因为带和区很容易变亮或变暗、变大或变小，有时甚至会消失。

木星是距离太阳第 5 近的行星，它是一个气态巨行星，没有我们地球那样的表面。木星的体积非常大，如果它是一个空心的球体，那么所有太阳系其他行星都可以轻松地被容纳在内并留有余地。即便是巨大的土星也只有木星质量的 1/3 左右。然而，木星的密度却十分小，假如有一片足够大的海洋，木星就会漂浮在它的表面。

木星的巨大质量对于太阳系，尤其是地球而言极为重要，其质量对我们太阳系内几乎所有行星的轨道都造成了扰动。它还影响了从柯伊伯带和奥尔特云进入内太阳系的小型天体的轨道。在木星的质量和强引力的影响下，穿过其轨道的小天体有可能被扫除，或被抛出整个太阳系。这个太阳系的"真空吸尘器"使得地球能够生存足够长的时间，来让生命形成和演化。如果没有它的保护，过大的天体将频繁地撞击轰炸地球，以至于地球无法存活至今。1994 年"苏梅克－列维 9 号"彗星与木星的碰撞就是木星作为太阳系保护者的一个很好的例子。

木星表现出较差自转，换句话说，木星上不同的纬度具有不

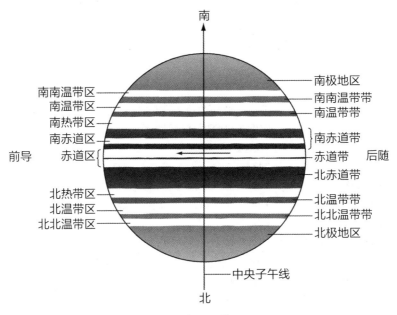

图 2.1　木星的带和区

同的转速。一般而言，系统 I 包含了纬度从南赤道带北缘经过整个赤道区到北赤道带南缘的区域，也包含北温带的南缘；系统 II 包含了木星其余的部分。在过去，业余爱好者都是在可见光波段观测木星，所以他们习惯于参考系统 I 和系统 II。专业天文学家通常还使用第三种自转系统，即系统 III。系统 III 的自转速率和木星上的一个射电源有关，它以一个特定的速率随木星旋转。由于这三个系统旋转速率不同，我们在谈论木星上的经度位置时必须指出所参考的是哪一个系统。根据木星上出现特征的纬度，业余爱好者一般参考系统 I 或系统 II 的经度。这种用法在本书有关凌星计时的部分将更清晰地阐述。表 2.1 总结了木星及其轨道的物理特性和数值。

表 2.1　木星与地球的物理性质、轨道特征比较

	木星	地球
赤道直径（千米）	143,082	12,756
极直径（千米）	133,792	12,714
转动周期		
		23时56分4秒
系统I	9时50分30.003秒（877.90度/天）	
系统II	9时55分40.632秒（870.27度/天）	
系统III	9时55分29.711秒	
轴倾角（度）	3.12	23.44
质量（千克）	1.899×10^{27}	5.974×10^{27}
密度（克/立方厘米）	1.32	5.52
表面重力（克）	2.69	1
与太阳平均距离（天文单位）	5.2028	1
轨道偏心率	0.04849	0.01671
周期（恒星时）	4332.59天	365.26天

1 天文单位（AU）=149,597,870 千米 [2]

2.2 ┃ 基本术语与命名法

　　和大多数科学一样，行星天文学也有专门的术语和命名法。了解与木星相关的部分将有助于我们的讨论和解释，因为这种科学的速记法确实有助于我们的探讨保持简约、明确的风格。多年以前，国际月球和行星观测者协会木星组的协调员菲尔·布丁[①]提出了一个简单又直观的系统，直至今天我们仍可以使用它，其中包含明暗特征以及带和区的术语缩写和命名法。一些较常用的术语和缩写如表 2.2 和表 2.3 所示。在任意给定的时间，我们都可以在带和区中观测到木星各种暗或亮的特征。表 2.4 中的插图说明了一些最为常见的特征，这些插图都以前国际月球和行星观测者协会木星记录员菲尔·布丁使用的插图为蓝本。

　　一个简单的例子可以帮助我们理解如何应用这些术语。图 2.2 显示了位于北赤道带北缘的一个大凝结体（或者说一个"驳船"），这个特征将被描述为"Dc L cond N edge NEB"，字面意思即"暗中心，大凝结体，北缘，北赤道带"。如此一来，就可以看到我们如何用简单、直观的符号语言来完整地描述一个特征及其所在位置。如果描述一个明亮的特征，我们就使用符号"W"来代替"D"。稍后在讨论中央子午线凌星计时时，将会看到我们是如何将这种描述与某个特征的经度位置结合，从而将观测变为真实的、有意义的数据的。

　　正如我们在本书的第二部分将了解到的，你的观测只有在被

---

① 即菲利普·布丁。

正确记录和标注时才有价值。这里介绍的命名法体系适用于所有人。国际月球和行星观测者协会、英国天文协会等组织为观测者准备了用来记录观测的标准化表格，世界各地的许多其他组织也有其标准格式。标准化的观测极大促进了数据的收集和记录，也为之后专业团体或其他业余爱好者使用数据提供了便利。

我强烈推荐各位使用这个标准的符号体系。它不仅能让你成为一个更好的行星天文学家，甚至还能为你的探索增添一些期待和兴奋——今晚你将能记录到哪些特征？这些特征在明晚或下周还会是一样的吗？我相信你会被这些变幻莫测的现象吸引！你将会学到与木星有关的很多知识。当你用这种方式进行观测时，你会惊讶于要记住你所学到的东西竟是如此容易！

表 2.2　木星带和区的基本命名法和简称

SPR	南极地区 (South Polar Region)
SSTB	南南温带带 (South South Temperate Belt)
STZ	南温带区 (South Temperate Zone)
STB	南温带带 (South Temperate Belt)
STrZ	南热带区 (South Tropical Zone)
SEB	南赤道带 (South Equatorial Belt)
SEZ	南赤道区 (South Equatorial Zone)
EZ	赤道区 (Equatorial Zone)
EB	赤道带 (Equatorial Band)
NEB	北赤道带 (North Equatorial Belt)
NTrZ	北热带区 (North Tropical Zone)
NTB	北温带带 (North Temperate Belt)
NTZ	北温带区 (North Temperate Zone)
NNTB	北北温带带 (North North Temperate Belt)
NPR	北极地区 (North Polar Region)

表 2.3　凌星计时观测的基本命名法

暗斑（Dark marking）	D
白斑或亮斑（White or bright marking）	W
中心（Center）	C
前导（Preceding）	P
后随（Following）	F
北（North）	N
南（South）	S
大（Large）	L
小（Small）	Sm
凸出物（Projection）	Proj
冷凝体（Condensation）	Cond
中央子午线（Central Meridian）	CM
系统I（System I）	（I）或 CM1 或 L1
系统II（System II）	（II）或 CM2 或 L2
系统III（System III）	（III）或 CM3 或 L3

表 2.4　木星常见明暗特征的基本命名

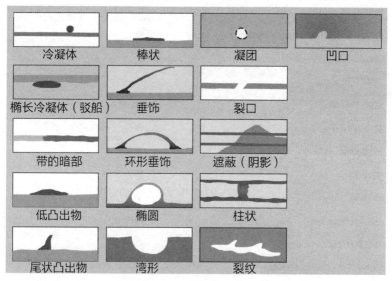

冷凝体　　棒状　　凝团　　凹口

椭长冷凝体（驳船）　　垂饰　　裂口

带的暗部　　环形垂饰　　遮蔽（阴影）

低凸出物　　椭圆　　柱状

尾状凸出物　　湾形　　裂纹

出自菲尔·W. 布丁提出的标准命名法。

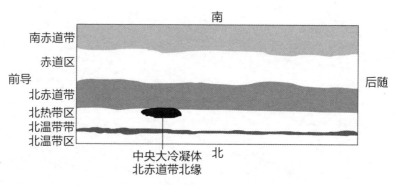

南

南赤道带

赤道区

前导　　　　　　　　　　　　　　　　　　　后随

北赤道带

北热带区

北温带带

北温带区

中央大冷凝体　　北
北赤道带北缘

图 2.2　以木星北赤道带北缘呈现的大冷凝体为例

第三章

木星的物理特征

木星的圆盘呈现出各种各样的特征，业余天文学家用普通的设备就可以观测到。各种显著和轻微的特征都等着观测者们去发现。事实上，木星常常被称为"业余爱好者的行星"，一部分原因在于其巨大的尺寸和角直径使其易于观测。如今，CCD 相机和网络摄像机在业余爱好者中的使用也越来越普遍，也产出了越来越多细节丰富的高质量图像。最开始吸引我们大多数人的就是木星的外观及其易于观察的特点。在本章中，我们将讨论通过目视或成像观测到的木星的物理结构、特征和现象。换句话说，就是任何人，包括有望远镜的业余爱好者都能看到的东西。具体而言，我们将探究木星上的云、风、急流和颜色的非垂直结构。

对木星表面的观测——自 150 多年前有记录以来——一直是业余观测者的重点观测对象，具体包括对木星云顶特征的观测、对这些特征经纬位置变化的观测，以及对其运动与各种气流速度和其他现象关联的确定，等等。尽管有很多关于木星的细节是业余爱好者无法直接观测到的，但这些仍是我们力所能及的。今天的业余爱好者依旧延续着天文观测的美妙传统。

3.1 | 常见的目视标识

虽然我们永远不应该抱有任何先入为主的观念来观察木星，但了解在任一给定时间可能出现的特征类型对我们会有所帮助。

明亮的椭圆、漩涡和冷凝体是木星可视大气中存在巨大动荡和混乱的证据。在木星云顶中所见的特征并不是静止不变的，它可能转瞬即逝，也可能长期存在。知道了这一点，我认为在观测这些特征时会更加有趣。在阅读本章时，你可能需要重新查看第二章中的图表。

一般来说，木星是由云层组成的。受木星快速自转的影响，这些云层组成了暗带和亮区。这些带（或区）由强大的急流——向东或向西吹来的恒定风——所决定。暗斑和明亮椭圆则是以较慢的速率向东或向西漂移的风暴。木星的快速自转使得其上的所有运动都以纬度为导向，因此这些带（或区）都向东西方向延伸。可以参考第二章图 2.1 中描绘的带（或区）的位置及命名。

极地地区

对目视观测者而言，极地地区常常因缺乏特定的特征而呈现一片灰暗的外观。事实上，在 2000—2001 年和 2001—2002 年的木星出现期里，绝大多数目视观测者没有观测到任何特征。一部分使用大型设备并获得了出色图像对比度的观测者报告称，在北北温带带或南南温带带附近偶尔会出现一个小而亮的椭圆斑。然而这些从未被广泛地观测到，因而也难以确认。极地地区通常都呈现不活跃的状态，但偶尔也有例外，正如 1997 年 10 月的一次报告中所说，在那段木星出现期间内，若干独立观测者都观测到了比周围区域稍强的微弱暗色特征。我也是这些观测者中的一员，并且能很好地观测到一个特征来得出一组凌星计时。根据我自己的观测日志记录，这一特征出现在世界时 1997 年 10 月 26 日的夜晚（图 3.1）："北极地区也非常微弱。我第一次在北极地区南缘看到了一块暗淡的斑（以前 [最近] 已有人报告过）。这块斑非常明显，绝对不会错。它在经度方向延伸了相当长一段。这次观测得非常清楚，让我能对木星前后缘进行中央子午线凌星计时。这可能是向国际月球和行星观测者协会报告的第一次测算（至少是在这段木星出现期中，第一次发现这种特征的中央子午线凌星计时），此次观测是在多色光下进行的。在绿光（W56）波段也可以看到斑纹，在黄光（W12）下则看不到。"唉，这个特征消失之后再也没有被观测到。但是，这些暗淡的特征又在几张CCD 图像中被捕捉到，且其经度位置与我和其他几位观测者所观测到的一致，这无疑证实了它们的存在。这些暗淡的特征最早是通过目视观测到的，后来才通过 CCD 成像得到证实。这说明目视观测仍具有价值。

通常，极地地区的灰暗外观似乎一直延续到北温带区或南温带区。然而，偶尔还会出现一些小而亮的区域，它们被难以看到的薄而灰的带分隔开。要观测通常极不明显的北北北温带带和北北温带带、南部对应区域，以及它们中间的区域是十分困难的。因此，当前很难收集这些区域内关于漂移速率和气流的有用数据。从极地地区获取有效凌星计时的情况非常少见。然而，当亮或暗的特征在这些带（或区）出现足够长的时间时，获得的观测结果就尤为重要了。近年来直到 2006 年 7 月，CCD 和网络摄像图像仍显示木星北极的大部分区域呈现出平常且不显眼的样貌。然而，不断完善的相机技术始终显示这个区域内有明暗特征。随着CCD 相机和网络摄像技术的进步，我们非常期待业余爱好者也可以获得能够捕捉到北极地区特征的高分辨率图像，从而使得对该地区气流和漂移速率的测量不仅成为可能，而且成为常态。

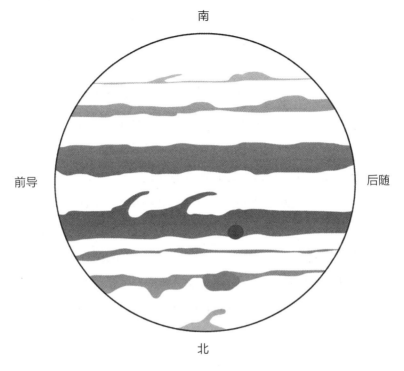

南

前导　　　　　　　　　　　　　　　　　后随

北

世界时 1997 年 10 月 26 日

系统 II：333 度

系统 II

暗斑，阴影，北极地区，北北温带带北部 −333 度

暗斑，阴影，北极地区，北北温带带北部 −343 度

图 3.1　木星的圆盘图，显示了 1997 年 10 月 26 日木星北极地区的阴影 / 遮蔽。

北北温带地区

北北温带地区的范围大致为北纬 57 度至北纬 35 度。如前所述，北北温带带难以观测并且它并不总是存在。然而，当这条带出现时，要尤其注意它的宽度和强度。偶尔也可以在南缘看到其凸出物，尽管这种情况很少见，但通过其出现时的细致观测和凌星计时可以得出有关漂移速率和气流的有价值的数据。在 2000—2001 年木星出现期内，北北温带带出现了一个显著的暗段。实际上，2000 年 8 月 2 日的一张木星圆盘图也清楚显示了这个暗段。同样，大卫·摩尔（David Moore）、池村俊彦（I. Ikemura）、毛里奇奥·迪·休洛（Maurizio Di Sciullo）、安东尼奥·西达当（Antonio Cidadao）及世界各地其他人的 CCD 图像都捕捉到了这个暗段。2002 年初，观测者们仍不断在 CCD 图像中观察到这个暗段，尽管它正在逐渐消退，且没有了 2000—2001 年时的强度。直到 2002 年 4 月，由唐·帕克拍摄的图像显示北北温带带的某段破裂并散开。因此，这个特征存在了许久并且提供了有关这一带漂移速率和风速的有用数据。在首次被观测到时，它的经线长度有 10 度 ~15 度。像这样的特征在北北温带带中非常罕见，此次事件是一个很好的契机，使人们得以将近期的气流相关数据与地基望远镜收集的数据对比，并将风速的有关数据与"旅行者号"所收集的数据做对比。通常北北温带带都需要这样的数据！该特征不但被业余天文爱好者们用 CCD 相机广泛成像，而且也通过目视被广泛地观测到。这一特征持续了超过 14 个月，北北温带带从 2002 年 6 月到 2004 年 5 月都没有显著变化。然而，在 2006 年 4 月，在成像中又探测到了北北温带区中的一个明亮的椭圆和一个小红斑，部分北北温带带呈红棕色。

北温带地区

北温带地区的范围为北纬 35 度至北纬 23 度。虽然极地地区常常令我们失望，但北温带带却包含了一系列自己的特征。如果观测得不够细致，北温带带通常呈现为一条没有任何特征的、薄的、浅灰色或红灰色的带，比邻近的极地地区略明显一些。然而，仔细观察我们就会发现事实并非如此，这些带可能是连续的或分裂的，甚至可能完全消失。在 2000—2001 年和 2001—2002 年的木星出现期中，大多数观测者都报告称北温带呈红褐色偏灰调。我曾不止一次观测到该带某些部分的颜色和强度与北赤道带的外观类似，此外，还常常呈现出不一样的宽度。在最近几次的观测中，一些观测者注意到该带的几个部分经常以分裂的形式呈现，或加倍呈现，并且其变化程度相差较大。

在 1999 年的观测中，北温带带清晰可见，且具有连续性。然而该带也可能会消失。到了 2001 年，北温带带的一些部分变得相当模糊。事实上，在 2001 年 12 月，埃德·格拉夫顿（Ed Grafton）所拍摄的图像显示，北温带带的绝大部分呈灰色，且与北极地区一样明亮。2002 年 1 月和 2 月，由格拉夫顿、毛里奇奥和帕克拍摄的图像揭示出北温带带的一些部分为正常的红褐色，但大部分已经呈现出这种较暗淡的灰色。2002 年 12 月，帕克拍摄的图像显示北温带带的大部分已经消失，只留下一些黑暗的部分散布在木星各处。2003 年 2 月 22 日，由香港的埃里克·吴（Eric Ng）拍摄的一幅 CCD 图像显示出北温带带的一小段，其位置大约处在近经度 320 度(系统 II)，长约 20 度。同年 5 月 3 日，克里斯托夫·佩利耶（Christophe Pellier）拍摄的 CCD 图像显示出在近经度 140 度（系统 II）有一段短而模糊的北温带带。在此之后我在 CCD 图像中没有再看到过北温带带的残存，直到 2006 年 7 月。这就使得木星看起来有一个从北赤道带的北缘伸展到北极地区的明亮雪花状区域，只有一条暗淡的蓝灰色北热带带在北温带带原本位置的南部。在一些高分辨率 CCD 图像中，在北温带区也可以看到一条暗淡的蓝灰色带，但这些蓝灰色带并不是这北热带带和北温带带的残留物。皮克[3]和罗杰斯认为，北温带带的消退通常会持续 8~13 年[4]。最近直到 2007 年 2 月，北温带带依旧没有出现。然而在 2007 年 3 月末到 4 月 27 日期间这种情况发生了变化——北温带带几乎完全恢复了原样。我们必须时刻集中注意力，因为有些情况会在一瞬间发生改变！

北温带带的一些最为有趣的特征可能是时不时出现的所谓的快速移动斑。根据皮克的记录，"1880 年，在有记载的木星历史上第一次出现了在北温带带南缘爆发的暗斑，这些暗斑表现出从未在木星上观测到过的极短自转周期"[5]。快速移动斑的漂移速率非常快，这些斑在北温带带的南缘出现时被观测到，并且可能存在于北温带带南缘前进的急流中，是木星上速度最快的急流。快速移动斑可能还与北温带带南缘的急流爆发有关，这些爆发在过去的周期似乎为 10 年，而其最近的周期则约为 5 年[6]。尽管在 2000—2001 年和 2001—2002 年的木星出现期中我们观测到了一些可疑的特征，但上一次观测到显著的快速移动斑爆发似乎还要追溯到 1997 年，当时在木星的出现期内有若干个斑被观测到并被记录了下来。1997 年的快速移动斑漂移速率大约在每 30 天 –56 度至 –57 度，它们似乎与北温带气流 C 有关。北温带带的爆发也有可能使其表面呈现白色斑点或呈椭圆形。

除了快速移动斑这样的特征以外，北温带带也可能会消退，并呈现出纬度方向的偏移。在北温带带的北缘时不时地会出现暗斑和条纹[7]。在 2000—2001 年和 2001—2002 年期间，在北温带带北缘上可以观测到若干暗色冷凝体。一些观测者甚至还观测到了有暗淡的灰色垂饰从这些暗色冷凝体中流出，并向更明亮的北温带区延伸。在北温带带北缘偶尔可以看到一个明亮的椭圆，它明显向北温带带内入侵。在较好的业余 CCD 图像中可以很轻易地看到这些特征。

北温带区将北温带带和北北温带带分开，同时北温带区还会展现出一些值得业余爱好者关注的有趣特征。绝大多数情况下，北温带区只是呈现暗灰色且没有明显的区分标记，平淡得宛如极地地区。但在其他时候它会亮得多，成为北温带带与北北温带带之间的一条明显分界线。在 2000—2001 年的木星出现期内，许多观测者将北温带区描述成有如雪花石膏一般白。事实上，该区域的亮度可以和北热带区相媲美，很多观测者都看到它甚至比北热带区还要亮。在 2001—2002 的木星出现期里，观测到的北温带区的几个部分相当暗，而该区域的剩余部分却是明亮的。这些暗沉的部分可能是由于在这些经度位置缺少明亮且海拔高的云造成的。像这样区域外观上的变化值得我们仔细监测，当然还需要记录下来。2006 年的北温带区非常明亮并且没有明显的活动迹象。

北热带区

北热带区范围大致为北纬 23 度至北纬 9 度。木星的北热带区展现了这颗行星最为活跃和生动的特征。根据我个人的经验，这个区域的业余观测者比其他任何区域都多，人气堪比大红斑区。

北热带区位于北温带带和北赤道带之间。这片区域通常呈现出明亮的、宛如雪花石膏般雪白的外观，其亮度通常与赤道区的亮度相近——这是 2000—2001 年和 2001—2002 年木星观测的结果。然而，在 2003 年内，北热带区显得比赤道区更亮，这是由于赤道区内发生的"着色事件"。一直到 2004 年 3 月，赤道区内的扰动持续使其比北热带区更加暗淡。通常，在北温带带的南缘可以看到延伸至北热带区内的低位凸出物。2000—2001 年和 2001—2002 年的观测中还看到了若干黑暗的凸出物，这些凸出物被稳定追踪了数月，由此得到了很好的漂移速率数据。2006 年，北热带区又成了木星上最亮的区域之一，它比赤道区还亮，而且并没有展现任何显著的特征。

北热带气流控制着北热带区和北赤道带北缘的所有可视特征。尽管气流速度各自不同，它仍影响着所有主要的斑纹，无论它们是明是暗[8]。

有时可以看到一条细薄的蓝带沿经度方向穿过北热带区，这条北热带带难以通过目测观测到，但在 2002—2003 年和 2003—2004 年的观测中成功被 CCD 成像捕捉到。即便在 CCD 图像中，这条带也很不显眼，并且不是在整个出现期都能见到。这条带在木星的近期历史出现又消失了数次，在 2006 年它十分明显，横跨了整个木星的圆周。

在帕克 2004 年 7 月 14 日拍摄的 CCD 图像上，北热带区是木星上最亮的区域之一，甚至比赤道区还要明亮，后者在其大部分宽度位置都呈暗黄色或赭黄色。

北赤道带拥有木星上一些最为显著和稳定的特征。在绝大多数观测中，都可以在该带或其边缘看到冷凝体、驳船、垂饰物、椭圆和凸出物。虽然木星上的许多带和区亮度都很低，但北赤道带通常是这颗行星最为黑暗的三个部分之一。在 2000—2001 年和 2001—2002 年的观测中，这条带大致呈现出坚固且宽阔的外观，大多数观测者都称其是红棕色的。

在该带的北部边缘经常可以看到大大小小呈暗色的椭圆形冷

凝体，较大的冷凝体一般被称为驳船，它们似乎在北赤道带北缘微微退去时最为明显，仿佛都被留在原处。这些冷凝体一般呈较北赤道带更深的红棕色。驳船（椭长冷凝体）在1997—1998年的木星出现期中十分显著，在木星的不同经度处都有观测到它们的身影。在1999年的观测中，北赤道带北缘在木星多处都有所消退，使得北赤道带看起来非常狭窄。这又进一步让北赤道带北缘看起来波浪起伏，或者说看起来有明亮的湾形从北热带区延伸至北赤道带北缘。木星各处的北赤道带北缘上也有关于呈暗色的冷凝体的记录。

在2000—2001年和2001—2002年的观测中，这些驳船不再那么显眼，在它们的位置上出现了小的冷凝体。虽然较小的冷凝体在2000—2001年并不显著，然而，在2001—2002年，不寻常的事情发生了：在这段时间的观测中，若干类似于北赤道带北缘中常看到的那种驳船出现在木星各处的北赤道带中部，其中的几个驳船非常显眼，在整个木星出现期内可以通过目视观测到。在最近的一次观测中，借由CCD成像确切观测到了两个这种北赤道带中部的冷凝体，随着时间的推进，它们逐渐融合在一起。2001年的秋天，我有幸用得克萨斯州麦克唐纳天文台（McDonald Observatory）的36英寸孔径望远镜，在一个视宁度良好的夜晚观测了几个这种北赤道带中部的椭长冷凝体。它们所呈现出的饱满的红褐色令人赏心悦目！根据航天器的观测，这些暗的冷凝体或斑点可能是木星上的气旋[9]。

从2002年一直到2003年，北赤道带恢复了其较正常的宽阔外观，北缘也较为均匀。在20世纪90年代末看到的那些暗冷凝体（或驳船）在2002年中的大部分时间都没有出现。在2001—2002年的观测期间内，在木星各个位置的北赤道带边缘或是靠近北赤道带北缘的地方，出现了至少四个白色小椭圆，它们代替了原本沿北赤道带北缘分布的驳船。到 2004 年 3 月，这些椭圆消失了，而木星各处的北赤道带又再次变窄。同时，在北赤道带北缘上既没有看到白色椭圆，也没有看到暗的冷凝体或驳船，只剩下一个在北赤道带北部边缘一直存在的"Z"字形白斑。由于北热带区太过明亮，这个"Z"字形白斑实在难以通过目视来辨认，甚至在许多 CCD 图像中都难以区分出来。北赤道带北缘非常不均匀且起伏不定。在许多地方，这个白斑在该带北缘都显得十分不规则，看起来像带上的红棕色较暗物质被北热带区明亮的白色云层打破了。

北赤道带的白色椭圆是反气旋的[10]，在北赤道带北缘上或附近有时也可以看到。当北赤道带的北缘消退时，这些椭圆可能会完全出现在北热带区中。在其他时候，可以看到白色椭圆突出至北赤道带的北缘，呈湾形或大凹口。北赤道带的北部边缘内偶尔可以看到一个完整的白色椭圆斑，它完全被北赤道带本身的颜色包围。这种现象十分引人注目，一般被称为"舷窗"。北赤道带北缘上长期存在的白色椭圆斑（记作椭圆"Z"）已经被观测一段时间了。在 2001—2002 年有许多人都观察到并记录了这个椭圆斑。这个椭圆斑显著的特征被观测了很长时间，为确定其所在纬度的漂移率提供了良好的方法。在 2001—2002 年的木星出现期里，在木星周围不同地点还看到了四个椭圆斑嵌于北赤道带北缘中，它们虽然很小，但是非常明亮和显著。在前五次的木星出现期内这些小圆斑明显不存在，它们的出现为这条带的观测增添了几分乐趣。尽管这些小圆斑都没有通过目视看到或记录过，但在观测期间它们仍被 CCD 成像持续追踪了几个月。随着 CCD 相机和网络摄像机生成的图像的分辨率不断提高，这些小椭圆斑在之后的观测中也出现了数次。

尽管在多次观测中我们已经习惯了北赤道带呈现出稍宽且坚固的外观，但偶尔也可以看到穿过这条带的明亮的裂纹，正如 2000—2001 年观测到的一样，在 2001—2002 年的观测中更是如此。在这两段观测中，许多明亮的裂纹都被 CCD 成像捕捉到，其中几个非常明显，可以通过目视观测到。我用 8 英寸孔径的反射望远镜观测到了几个。这些裂纹通常会在木星周围延伸一段，长度大多在 20 度 ~30 度。一些裂纹给人的视觉冲击很强，它们让北赤道带看起来像沿着带的某些部分被分成了南北两个部分。裂纹通常是在带的中部附近不同形状的白色斑点或条纹，它们一般从南前（South-preceding, Sp）指向北后（North-following, Nf），看起来像被速度梯度剪切了。2004 年间，穿过北赤道带的明亮裂纹再次出现，十分明显。同年 3 月，北赤道带的一段裂纹尤其明显，以至于通过目镜观测时整个带看起来都褪色了。这些明亮裂纹的形状和长度都会在短时间内发生变化。

尽管北赤道带不像其他带那样经历明显的急流爆发，除了已经引述的那些以外，它还展现出不同的活动 [11]。虽然这个带一般总是呈现红棕色或灰褐色，但现在我们已经知道其北部边缘偶尔会呈现黄色。北赤道带的纬度会发生偏移。根据历史记录，虽然这个带的南部边缘一直相当稳定，其北缘变化却很大，尤其是在 19 世纪末到 20 世纪初。在 2000—2002 年的木星出现期内，北赤道带一部分的北缘明显消退，导致其整体变得相当狭窄。而且，尽管北赤道带通常不会像南赤道带那样容易消退，但它在 19 世纪中叶和 20 世纪初也经历过消退和复苏（带的恢复）[12]。

2006 年，北赤道带再次变得宽阔，并且像南赤道带一样昏暗。北赤道带的北部边缘相对平滑，没有大的起伏或坑洼，长期存在的白椭圆斑"Z"也清晰可见。在北赤道带的北部边缘也可以看到嵌入其中的小椭圆斑，它们与在南南温带带中常见的椭圆斑类似。这些小椭圆斑难以通过目视观测到，但在好的CCD或网络摄像机图像中非常明显。就我的观测来说，北赤道带呈现很明显的红棕色。在木星周围不同位置的北赤道带中部还可以看见几个颜色更深的红棕色驳船斑纹。在唐纳德·帕克于2006年7月15日拍摄的一张图像上，可以看到穿过北赤道带经线方向的明亮裂纹，其中显著的一个中心在89度（系统II）附近。这条明亮裂纹清晰可见，经向长度至少有50度，它穿过北赤道带，前端在307度（系统I）处通向赤道区。靠近北赤道带南部边缘的裂纹使得北赤道带南缘看起来参差不齐。2006年间，北赤道带的南缘有许多灰蓝色的凸出物。这些凸出物都相当明显。与某些时候不同，这些凸出物通常呈美丽的垂饰状并穿入赤道区内，其基底大多宽阔而昏暗，很容易通过目视看到。

赤道地区

木星的赤道地区从北纬9度延伸到南纬9度。北赤道带的另一个显著特征（几乎一直可见）是其南部边缘上的深蓝灰色凸出物，其上经常有蓝灰色的垂饰物从凸出物延伸到赤道区。我发现即使在视宁度不甚完美的时候，大多数业余观测者也能较为可靠地观测和记录下这些北赤道带南缘上的凸出物和垂饰物。这些凸出物和北赤道带北缘的椭长冷凝体，以及大红斑是木星上能被观测到的最稳定的特征。北赤道带南缘上的深灰色凸出物还会跟随北赤道带气流一起移动。

似乎在每次的观测中，木星上总有几个处于北赤道带南缘的蓝灰色凸出物和垂饰物。皮克注意到基本在每一次为期一小时的观测中，至少都会有一个来自北赤道带南缘的暗色凸出物随木星的自转而穿过木星的中央子午线 [13]。现在我依然认为这个结论基本适用于所有夜间观测。这种暗色凸出物是很吸引人的特征。据皮克说，这些凸出物有很多种形式，有微小的驼峰或短的尖刺，也有巨大的细长团块或条纹。一些垂饰物从这些驼峰或尖刺处出发，其中有些很纤弱，有些又十分显眼；它们从北赤道带南缘出发，看起来就像是在赤道区飘散的烟雾 [14]。我曾在许多场合有幸目睹过这种美丽的景象。在一次绝佳的观测中，木星冲日且在距离地球最近的地方，观测的视宁度也近乎完美。那天晚上，不仅能看到那些垂饰物，甚至能看到其中的很多细节：它们像是被编成了辫子！不过，大多数情况下，视宁度没有那么好。在 1997、1998 和 1999 年的观测中，这些垂饰物非常显著，可以很容易看到。然而，到 2002 年这些垂饰物就变得细浅而难以看到了，就连在 CCD 图像中也非常不起眼！2004 年，这些垂饰物的颜色再次变深也变得更粗，也因此可以更容易地看到。有一些蓝灰色凸出物没有显著插入到赤道区中，却具有大而密集的基底。也就是说，在北赤道带南缘处可以看到又大又长的蓝灰色斑块。这经常使凸出物呈现出一个蓝灰色的高原，其中一些几乎和大红斑一样长，十分容易看到。皮克将此描述为："暗色的团块和条纹非常明显，且其具有矩形轮廓。" [15] 对没有经验或不经常观测的观测者来说，这些变化可能就不那么明显了。

直到今天，还没有人像伯特兰·皮克那样诗意地描述这些北赤道带南缘蓝灰色的特征。他曾写道："黑暗的凸出物一般是最夺人眼球的特征，它们有多种形式——从微小的凸起或短尖峰，到庞大的细长团块或条纹。凸起和尖峰通常是灰色小束或垂饰物的分离点，它们中有一些非常精致，有一些则非常醒目。它们似乎是从这个带的南部边缘产生，并且看起来像烟雾一样弥散在赤道区。然而它们通常并不会简单地消失，而是在周围弯曲（并不会出现明显的运动）后又回到带内，且几乎是在另一个凸出物出现的点上碰到这个带的。有时会有一缕束带正好在一个凸出物上弯曲，然后沿其分离点又到第二个凸出物上。通常它们中有一个还会出现前后两个方向的分岔，这就有可能导致一系列灰色拱门的形成。这些拱门有着微亮甚至明亮的中心区域，整体呈现出迷人的壮观景象。任何这样的亮椭圆区域都可能包含一个明亮的核，但在它的中心附近却极少发现这样的核，反而在其某尾端附近的带的周围更有可能看到。如果一个凸出物被其中一个弯曲的束带绕过了，那其中封闭的光亮区域当然不会呈椭圆形，而是会呈现出类似芸豆的形状。"[16]

虽然这些蓝灰色的特征（或者说垂饰物）几乎总是存在，但每个个体的形状和特征会在短时间内发生变化。这种形态上的变化十分有趣。皮克在 1941 年观测到了一个在短短 2 天时间内大幅成长的凸出物[17]。这些特征的形状和大小极易发生变化，因此要持续且准确地跟踪它们非常困难。可以肯定的是，这些凸出物从这周到下周在形态上的变化可能非常巨大，对于不仔细追踪它们的观测者来说，很有可能在下一周就难以辨认出来了。从 1959 年到 1964 年，国际月球和行星观测者协会一直致力于追踪这些与"太阳会合"接近的特征。因此在那段时间里，可以从一个观测时段到下一个时段追踪并重新找到个体特征。这也证明了这些特征可以存在很长一段时间。然而，在最近的观测中，这些凸出物和垂饰物都没有被确切地追踪到。

"伽利略号"探测器的探测实际上下降穿过了其中一个蓝灰

色特征，并且检测到水蒸气含量低于预期水平[18]。但对于目视观测者而言，它们看起来很暗，一直延伸到赤道区。通常，这些垂饰物之后紧接着就可以看到明亮的椭圆斑，它们看上去似乎镶嵌在这些垂饰物自身的弯钩上。这些蓝灰色特征的垂直结构相当有趣，我们将在第四章中进一步讨论。

对没有经验的观测者来说，赤道区可能看起来相当平淡无奇，但这里其实有许多需要注意的东西。在 1999 年，赤道区非常活跃，来自北赤道带南缘的凸出物和垂饰物大量进入该区域。1999 年 11 月 25 日，我注意到赤道区实际上比北极地区更暗，几乎和南极地区一样暗。2000 年 8 月 5 日，许多观测者注意到赤道区受到了巨大的扰动，其整体呈现暗淡无光的样貌，致使南热带区实际上成了木星上最亮的地区，人们在 CCD 图像中确认了这一现象。这些扰动可以不时地被观测到。

通过目视来看，赤道区常是木星上最明亮的区域，呈现奶油色或雪花石膏般的白色，在 2000—2001 年、2001—2002 年、2002—2003 年和 2003—2004 年的观测中便是如此，但是也存在例外。通过更仔细的观测通常就会发现，此处还有更多现象发生。在木星的历史上，赤道区偶尔也呈现过较深的赭黄色至棕褐色，或有时随着着色事件的发生，呈现出昏暗的样貌，但有时这种现象可能并不明显。

在 1999—2000 年的木星出现期内，赤道区很明亮，从北赤道带上出来的垂饰物很亮且非常明显。在木星上的不同地点都可以看到其中的几个垂饰物。这些垂饰物之间的空间一般都是明亮的，且呈现出雪白色。然而，到 2001 年 9 月，这些垂饰物不再那么明亮，赤道区的颜色也发生了变化。2000—2001 年赤道区经历了一次着色事件，其影响一直持续到 2004 年后。

到 2001 年 9 月，赤道区的着色事件给木星带来了奇特的样貌。和 1999 年相比，凸出物和垂饰物的减少使得赤道区稍显"干净"。这些通常显著的特征因为失去了原本的强度反而更加引人注目。赤道区在从北赤道带南缘到南赤道带北缘整整 3/4 的长度范围内呈现出淡黄色到赭黄色的颜色变化。在此期间，由于大红斑之后有许多湍流，在大红斑后几度的南赤道带也消退了。大红斑本身的显现强度也有所下降。南赤道带和大红斑的褪色以及赤道区的昏暗外观，再加上赤道区的着色，使得视觉上要区分大红斑或大红斑穴的末端位置和南赤道带的起始位置变得很困难。在大红斑后的几度里，赤道区实际上比南赤道带亮度更大！在 CCD 图像中分辨大红斑和南赤道带仍然相当容易。但是直到 2002 年 12 月，大红斑和其后的南赤道带仍然处于消退的状态。在 2002—2003 年的木星出现期中，赤道区北部 3/4 的区域继续呈现出浅赭黄色。2003 年 5 月 1 日埃里克拍摄的一幅 CCD 图像显示赤道区几乎完全被着色，显示出完全呈赭黄色的外观，只有赤道区的最南缘是明亮的，像是有一条细细的亮线从南赤道带以北延伸至木星四周。到 2004 年，北赤道带南缘的凸出物和垂饰物又再次变得容易看见。这些特征加之赤道区的持续着色，以及北温带带和北北温带带的消退，使得北热带区和北温带区看起来是木星上最明亮的区域。

有时赤道区会呈现一条赤道带，赤道带一般被视作一条纤细的、贯穿赤道区的蓝灰色带或线。它并不总是出现，出现时也有可能是破碎或不连续的。通常，当赤道带和北赤道带南缘的蓝灰色凸出物同时存在时，可以看到凸出物缠绕进赤道区中并与赤道带相连。

2006 年间，进入赤道区的凸出物和垂饰物十分显著，以至于赤道区看起来比较昏暗。随后，垂饰物又退回蓝灰色的赤道带中。赤道带和南赤道带北缘之间的区域非常明亮，和赤道区其余部分的昏暗形成了鲜明的对比。许多蓝灰色的凸出物或垂饰物伴有一个藏在边上的明亮椭圆或舷窗形斑，其中的一些十分明亮，可以直接通过目视看到。垂饰物、舷窗形斑以及各种各样的灰色阴影使得赤道区看上去有如暴风雨般阴沉。因此，北热带区和南热带区都显得比赤道区更亮。

在南赤道带北缘中，特别是在大红斑经度位置附近，和前面提到的一样，在大红斑经度位置前后几度的地方可以看到大面积的湍流。这种湍流在大红斑后方尤其突出，可以看到白色的椭圆出现在南赤道带，常常能观测到这些明亮的椭圆的轨迹从大红斑向木星后侧延伸数度经度。这个连续湍流的明亮区在强度上会发生变化，但一般很容易和南赤道带本身较深的红棕色区分开来。

有时候，在南赤道带中靠近大红斑前北缘处可以看到小而明亮的椭圆斑。南赤道带北缘中已经有数个这样的椭圆斑的实例，这些椭圆斑接近或穿过了大红斑以北，有时会被大红斑周围的气流所捕获，从大红斑的边缘附近打转进入南赤道带中部。实际上，这些亮斑有时会进入大红斑，这为我们追踪大红斑内部的反气旋现象提供了机会。这种现象在 2002 年 9 月和 10 月木星的 CCD 图像中能够清楚地看到。

南热带地区

南热带地区从南纬 9 度延伸到南纬 27 度。该区域被一些科学家认为是木星上最有趣的地方，这是毫无疑问的，因为大红斑就位于该地区，并且有部分突出到了南赤道带的南部边缘。

南热带区位于南赤道带的南面，处于南赤道带和南温带带之间。南热带区和木星上的其他区一样，一般表现出明亮的奶油色或雪花石膏般的外观。有时候能在这个区观测到阴影，也不时能够看到扰动和错位。这个区域的特征通常很难通过目视看到，但可以很容易地通过 CCD 和网络摄像机成像观察到。

在此我们希望对南赤道带进行进一步讨论，因为南赤道带是木星上许多周期性事件发生的地方。南热带区域除了是大红斑的所在处之外，也是南赤道带褪色、复生、部分褪色和中部爆发，以及南热带扰动和南热带错位等事件发生的地方。

通常南赤道带和北赤道带具有相近的宽度和明暗度，有时候南赤道带会更宽一些。南赤道带和北赤道带一样，一般呈红褐色。有时，南赤道带会分裂成两部分：一部分靠北而另一部分靠南。当分裂发生时，两个部分之间的区域就被称为南赤道带区。1998 年 11 月，在经度 292 度（系统 II）处，南赤道带是一个实心带，并有一个很窄的白云湍流区域，这个区域在顺着南赤道带的北部边缘运动。但是 1998 年 9 月，在经度 236 度（系统 II）处，南赤道带的北半部分是非常明亮的，且伴有湍流的白云。后来，在 2000 年 9 月，木星的南赤道带就分裂成了两个部分：南赤道带的北部，南赤道带区和南赤道带的南部，且与原本正常实心状态的南赤道带宽度相当。南赤道带的南部边缘不平整，它的明亮湾形区域延伸至南部边缘。2002 年 2 月之后，南赤道带继续被分为两个部分。虽然很微弱，但在 2002 年 5 月，南赤道带北部和南部两个部分均呈现出轻微的红褐色，其中北部的颜色更深一点。2003 年 2 月，除了跟随在大红斑之后的那个常年明亮且有扰乱的区域以外，南赤道带的大部分又变回了实心状态。2006年，南赤道带又大致重新呈现出一般状态下的红褐色。和往常一样，跟随在大红斑之后的那个区域中依然充满明亮的湍流。2006年4月，这个扰乱区域的湍流尾迹中出现了一个很大的白色椭圆。

虽然南赤道带不会像北赤道带一样形成大型的冷凝体或驳船，但其南部边缘附近会不时地形成微红色的小冷凝体或斑点。这些超小版本的大红斑虽然有时很难通过小型望远镜看到，但对它们的观测可以使我们有机会追踪木星该纬度处的漂移率和气流等。

我认为从木星上观察到的最引人注目和最有趣的现象之一是南赤道带的复生现象。南赤道带的复生实际上包含了一系列的事件，且其成因尚不完全清楚。在南赤道带的复生中，南赤道带会逐渐褪色，直至几个月后完全消失。褪色一般从南部开始，北部往往会完全消失，但有时也有例外。南赤道带褪色后，大红斑往往会变得颜色更暗且更加显眼。接着，在一至三年的持续暗淡之后，南赤道带开始复生。复生是从南赤道带中的一个点开始的，暗的和亮的斑点会从此处冒出来。这些冒出的斑点会被南赤道带的气流带走，之后另外的斑点又会从这个点源继续出现并被带走，它们会在整个南赤道带的宽度上扩散开来。最终这些斑点物质会到达大红斑，此时大红斑开始褪色。南赤道带不断地被这些暗的和亮的斑点充满，直至最终复生。目前，人们期待观测到一个完整的南赤道带褪色再复生的过程。当这一过程发生时，业余天文学家很可能是第一个注意到褪色现象并将其记录下来的人。

另一个有趣的现象是南赤道带中部爆发。南赤道带中部爆发时的外观和南赤道带开始褪色时的外观相近。当发生爆发时，南赤道带的一部分（通常横跨几个经度）会发生明显的褪色，而其他部分仍然可见。典型的南赤道带中部爆发会首先在除了大红斑经度外的南赤道带其他区域的南部产生一个小的白色条纹或斑点。这些斑点会沿着南赤道带的方向向后延伸，同时在第一个斑点出现的地方，还会不断出现其他斑点。很快，南赤道带就会被一个扰乱的区域覆盖，充满了亮的或暗的条纹和斑点，这十分类似于跟在大红斑之后的那个连续扰乱的区域。南赤道带的这种情况可以持续几个月。1998年发生的一次南赤道带中部爆发很容易地通过目视和CCD成像观测到了。2006年，另一次爆发波及了木星的大部分地区。当它发生时，南赤道带看起来分裂成了南北两个部分。

南热带扰动是另一个有趣的现象。罗杰斯把南热带扰动描述为"横跨南热带区的一连串的阴影和扰动[19]"。南热带区在南赤道带和南温带带之间。南热带扰动的特征是在南热带区中出现暗色或有阴影的区域。这一暗色区域起初面积不大，前后两端呈凹形，两端通常有一个白色的小椭圆。南热带扰动常起源于大红斑的前边缘附近，且通常发生在南赤道带褪色而尚未复生时，其持续时间通常达数月[20]。

南热带错位也会在南热带区中发生。当一段褪色的南温带带经过大红斑时，就会发生南热带错位。这时，南热带区会在大红斑变暗之前变暗，这样正常的带和区的明暗就会颠倒[21]。据罗杰斯所说，在20世纪70年代，南温带带有一段变白了；从那时起，这个"南温带带褪色区"就不断引发大红斑前方的南热带扰动，引起了正常带和区之间的明暗错位。该南温带带褪色区会跟随南温带气流移动，并每两年经过一次大红斑。在某些时候，它会导致大红斑前侧的南热带区变暗，形似一个南热带带，其间也可能会有其他阴影。"南热带错位"这一概念就被用于描述白色的南温带带和暗色的南热带区的组合，以及由它发展而来的一系列的非凡结构[22]。尽管近年来南温带带本身和南热带扰动很难通过目视辨认出来，但是南热带错位是一个充满吸引力且值得观测的现象，我们可以通过 CCD 和网络摄像机成像很好地将其呈现出来。

大红斑

大红斑无疑是木星上最具辨识度的特征。它镶嵌在南赤道带的南部边缘，被夹在南北喷流之间[23]。它是一个反气旋风暴并以逆时针方向旋转。除了具有不可思议的尺寸之外，它跟地球上的飓风差别不大。据理查德·施穆德（Richard Schmude）所说，在 1992—1993 年的木星出现期内，木星大红斑在经度方向的长度达到了 23,000 千米。而地球的直径只有 12,756 千米，也就是说大红斑大到基本能放下两个地球！大红斑的颜色和形状都会随时间而改变：有时在奶油色背景下呈现出鲜红色[24]；而其他时候，比如在发生南赤道带扰动时，大红斑看起来就会逐渐褪色并融入周围的环境中[25]。虽然大红斑的颜色可以很深，但从 1997 年开始它就变得相当浅了：大部分观测者都曾记录它的颜色呈橙红色或浅橙色，而非之前的深红色。因此，这几年对大红斑的观测会更加困难，特别是对一些刚接触木星观测的业余爱好者来说。从最近的观测来看，大红斑的形状更接近于椭圆形。但在过去的一些观测中，大红斑的前后两端显得更加尖锐。

1665 年，卡西尼等人首次在今天大红斑的纬度附近发现了一个椭圆形暗色斑点[26]。虽然对大红斑的观测已经持续了很久，但人们对大红斑这一天气系统是否真的维持了超过 350 年这一说法仍抱有疑问[27]。事实上，目前被确认为大红斑的大气系统只能暂时追溯到 1830 年左右，这距离卡西尼斑点的最后一次观测已经过去了 120 年 [28]。1878 年，大红斑被观测到呈现深砖红色 [29]。从那时开始，大红斑的颜色有时候会变得很浅甚至于完全褪色。大红斑周围大部分无云的区域在传统上被称为大红斑穴 [30]。当大红斑褪色时，大红斑穴可以用来标识大红斑的位置：明显地突出到了南赤道带的南部边缘。

不同时间的观测中，大红斑的颜色可能会发生明显改变。实际上，过去的南热带区和南赤道带的变化已经证明了大红斑及其周边可以在很短的时间尺度（甚至不到五个月）上发生变化 [31]。关于大红斑及其周边外观的历史记录也显示出其同时具有短时标和长时标的变化特征 [32]。一般来说，大红斑不是天竺葵红色，也并非完全呈白色 [33]，它也没有明显的周期性变色趋势。然而，从观测中我们发现，当大红斑"吸收"了较小的白色漩涡后，其北部区域——被称作大红斑"眼睑"的区域——确实变白了 [34]。大红斑北部区域偶尔发亮的现象，通常与吸收了风暴内部被撕裂的小漩涡有关，或者与其和南热带区的相互作用有关 [35]。

在 2000—2001 年的观测中，大红斑的颜色较浅，其中心处有颜色较深的冷凝体。这个暗色中心很难通过目视观测到，但可以很容易通过 CCD 成像找到。另外，大红斑的南部边缘有一条细灰线。有时，我们可以看到一些白色的小斑点流入大红斑，此时我们就有机会去监测大红斑内部的环流。据施穆德所说，在2001—2002 年的观测中，大红斑并没有颜色或只呈现出微弱的橙粉色 [36]。而在 2003—2004 年的观测之初，许多观测者记录大红斑的颜色相比之前略微变深了，呈现出一种更强烈的粉红色。这种颜色一直持续到 2006 年，而这之后的大红斑则呈现出一种中等强度的橙红色，其中心也出现了暗色的冷凝体。

在过去，人们也曾观测到小的暗色冷凝体在大红斑周围环绕运动，这使得人们得出了大红斑是一个漩涡的结论。这些观测也为确定大红斑中的环流提供了帮助。在 1965—1966 年的木星出现期内，在南温带带北部边缘观测到一个暗色斑点在以经度递减的方式接近大红斑。在其到达大红斑之后，这个斑点继续沿着大红斑的南沿移动。在到达大红斑的前部之后，这个斑点并没有继续向前，转而绕着大红斑到达了其北侧，然后又绕回到大红斑的后端。这个斑点被新墨西哥州立大学天文台的埃尔默·里斯和 B. A. 史密斯（B. A. Smith）拍了下来。这是他们在 1965 年 12 月到 1966 年 1 月期间观测到的：这个斑点在九天内完整地绕了大红斑一圈 [37]。这个观测是业余天文爱好者的重大贡献。"旅行者号"探测器也获得了关于这个暗色斑点的图像，这使得科学家能够进一步研究这些气流。这类暗色斑点最近一次被观测到是在 2001—2002 年的木星出现期内 [38]。

说我们不知道关于大红斑的一切是很保守的说法。我们对木星上很多现象的原因确实没有完全了解，我们也不知道这些现象什么时候会发生或者说再次发生，但是我们确实知道某些现象会接续发生。例如，大红斑会在暗色和明亮状态之间交替切换。当南赤道带褪色发生时，大红斑颜色会加深；只有当南赤道带复生后，大红斑才会逐渐褪为正常颜色。在写这本书的期间，木星上早就应该出现一次完整的南赤道带褪色了。对这种现象的观测是十分重要的，一些勤奋的业余观测者可能会首先发现这一现象。当褪色现象发生时，大红斑会像过去那样变为暗色吗？多久以后南赤道带会复生？这些问题的答案若与之前的观测结果不同，则意味着木星的天气系统又发生了新的变化。无论如何，对于科学家来说，任何新的观测结果都具有重要意义。

多年以来，大红斑的尺寸持续发生着变化。根据西蒙·米勒等人所言，大红斑的纬度范围，或者说南北距离，一直保持着不变，1880—1970 年的地面观测表明其纬度长度在 11 度 ±1 度之间。这与"旅行者号"的数据（其测量得到的纬度范围约为 12,000千米）一致[39]。然而，大红斑的经向长度数年来一直在减少。1882 年大红斑的经向长度有 34 度，一直到 1920 年，其长度维持在 30 度，但自那以后它便再没有这样长过[40]。自 20 世纪初以来[41]，人们就发现了大红斑在经向范围上有明显的收缩。

如果我们就这样假设大红斑的纬度范围是恒定的，那么可以为更早期的观测绘制纵横比，它表明了大红斑的外形确实在变得越来越圆[42]。其现在的纵横比大约在 1.6，按照这个走势，大红斑应该会在 2080 年变成圆形，尽管这种结构并不是稳定的[43]。西蒙·米勒等人发现大红斑的经向收缩率为每年 –0.193 度。照目前这个收缩率来看，大红斑在 2040 年就会大致变成圆形[44]。

大红斑长度的测量精度取决于观测者辨别大红斑系统前后缘的能力。这看起来很简单，但实际上并不一定如此。较差的视宁度会使人难以看清一些细节，恶劣条件下的凌星计时也会带来误差。从 CCD 或网络摄像机图像中得到的经度测量值也同样会受到影响。要想获得准确可靠的测量结果，我们需要清晰、聚焦的高分辨率图像。有时，大红斑的前后缘会被误认为是大红斑穴的前后缘，这种情况即便在 CCD 或网络摄像机图像的测量中也会发生。在 CCD 相机和网络摄像机出现之前，对大红斑的测量只能通过动丝测微计或中央子午线凌星计时（这部分将在本书之后的章节进行讨论）来进行。尽管存在一些固有的不准确性，我们还是需要大量观测者的多次测量结果，因为大量的数据可以用来减小测量误差。

为了说明这些年来大红斑的收缩，我们可以回顾一下历史记录。各个观测者和研究人员的报告结果也能反映出测量的困难程度。下述所有经度都采用的是系统 II。知名木星观测者埃尔默·里斯在 1962—1963 年的木星出现期内确定其长度为 24.4 度 ±1 度 [45]。1968—1969 年的木星出现期内，菲利普报告其长度为 23 度 [46]。1975 年 10 月，贾恩卡洛·法韦罗（Giancarlo Favero）等人记录其长度在 22.9 度 ±0.5 度 [47]。菲利普还在 1967—1968 年的木星出现期中记录其长度为 20 度 [48]；1983 年他又记录其长度为 23 度 [49]；在 1985—1986 年的木星出现期又测得其长度为 19 度 [50]；在 1986—1987 年，菲利普又测得其在出现期前期的长度有 22 度，到后期则变为 25 度 [51]。施穆德在 1989 年 2 月报告称大红斑的长度为 23.6 度 ±1 度 [52]。雷曼（Lehman）等人确定了其在 1989—1990 年木星出现期的长度为 20 度 [53]，而理查德在 1989—1990 年的出现期观测中得出其长度在 25.5 度 ±3 度 [54]。我和雷曼发现，在 1998—1999 年的木星出现期内，大红斑表现为大红斑穴内部的一个相当小的特征，我们测得大红斑的长度仅有 10 度，而大红斑穴的长度则有 25 度 [55]。通过只采用大红斑的前后缘能被精准分辨的高质量 CCD 和网络摄像机图像，我测得大红斑的长度在 1999 年 11 月为 19 度，在 2000 年 9 月为 17 度，在 2001 年 9 月为 20 度，在 2002 年 1 月为 17.5 度，在 2003 年 1 月下旬为 17 度。在 2003—2004 年的木星出现期内，我确定了大红斑的平均经度长度为 17 度。2006 年间，我测得大红斑的长度为 16 度。包括天文爱好者在内的天文学家对大红斑的观测与测量将一直占据重要的地位。

大红斑有时会呈现出奇特的外观，看上去并不能完全填满大红斑穴所占的空间。最近的数次观测都记录了这种情况，比如上面提到过的 1998—1999 年的观测。唐纳德·帕克于 2000 年 9 月 4 日拍摄的一张 CCD 图像中，一个颜色类似橙红色的大红斑处在明亮的大红斑穴南部的 2/3 处。大红斑穴的湾形部分明显突出至南赤道带中，明亮的物质填充了大红斑南缘和南赤道带北缘之间的巨大间隙。在毛里齐奥·迪·休洛于 2002 年 1 月 12 日拍摄的 CCD 图像、埃里克于 2003 年 1 月 28 日拍摄的图像、陈伟龙（Tan Wei Leong）于 2003 年 2 月 23 日拍摄的图像、克里斯蒂安·法廷南齐（Cristian Fattinnanzi）于 2004 年 4 月 2 日拍摄的图像，以及帕克于 2004 年 5 月 6 日和 22 日拍摄的网络摄像机图像中，大红斑和大红斑穴再次显现出这样的样貌。有时，大红斑的颜色看起来集中在大红斑内部的一小块区域，这就使得大红斑看上去更小了。在 G. 基斯（G. Kiss）2001 年 11 月 18 日拍摄的一张 CCD 图像上就出现过这种情况，当时大红斑的颜色在大红斑的南半部集中成一个椭圆。在帕克于 2002 年 1 月 21 日拍摄的一张 CCD 图像中又观测到了这种现象。在上述所有图像中，在大红斑的中心还能看到有更深的颜色集中在一起，它使大红斑内部看起来有一个暗点，这在近年来是一个常见的现象。在 2004 年 4 月，法廷南齐、帕克和其他人获得的图像显示出大红斑中的颜色再次填满了整个椭圆斑，但其中暗黑的中心仍然存在。

大红斑的颜色来源尚不清楚。然而，木星的可见颜色似乎都存在于对流层薄雾中 [56]，这个延展、有色的区域比我们所看到的木星其余地方密度更大、海拔更高 [57]。航天器的探测已经确认了大红斑的垂直特征类似于一个倾斜的薄饼 [58]。

关于大红斑还有很多未解之谜，比如说是什么创造了它，是什么在维持着它，它是什么颜色，以及为什么在木星的北半球没有它的对应体。也就是说，我们对大红斑还知之甚少。我最喜欢的一项工作就是记录大红斑不断变化的样貌。毫无疑问，大红斑将继续吸引天文爱好者及专家们的关注。

南温带地区

南温带地区一般从南纬 27 度算起，一直到南纬 37 度。在过去，这个地区曾展现出木星上最为有趣的特征。

我们可以把南温带带想成是北温带带在南部的对应部分。与北温带带一样，它是一个相对狭窄的带，且通常不如南赤道带暗，其颜色通常为灰色，但我经常会看到带上也有一点红棕色。在 2001、2002 及 2003 年的木星出现期中，南温带带很模糊，某些部分完全消退了，或者说是破碎分裂了。这条带上的特征可能难以通过目视观测，因为这条带与周边区域之间的对比度通常非常微小，但有时也可以看到一些显著的特征。这条带可能是连续的，也可能是分成几段的，还可能是消退到完全不见的。在这条带上可以看到暗斑以及明亮的椭圆。根据罗杰斯所言，南温带带一直相当明显，至少直到 20 世纪 80 年代都是如此[59]。然而，自1997 年开始，我就发现南温带带非常暗淡且难以通过目视观测，我们能看到的它通常是一条狭窄模糊且破碎又不连续的灰色带。

1998 年，紧随大红斑经度的南温带带呈现出斑驳但连续的样貌。到 1999 年，南温带带中的许多部分都已经完全消退了。2002 年，南温带带消退到几乎不存在，在木星周围几处被短而暗的圆缺截断。到 2002 年底，由于南南温带带也非常模糊（甚至看不见），整个南温带带褪色到难以在目视上将其与南极地区的北缘区分开来。这种状况一直持续到了 2003 年。也就是在 2003 年，一个大约 50 度长的暗圆缺出现了好几个月。这一黑暗的圆缺十分突出，用小至 8 英寸孔径的望远镜就可以轻易看到。CCD 图像显示，这个部分不是固态的，而是由一串紧密相连的冷凝体组成。2003 年 2 月，这个黑暗圆缺位于大红斑的正南处，让大红斑上看起来像是有一条眉毛。这个圆缺的出现也为凌星计时和经度测量提供了可能，为追踪该纬度的漂移率提供了很好的机会。到 2004 年 7 月，南温带带再次在木星周围大部分区域表现为一条大部分连续、薄而模糊的带。我用 8 英寸孔径的望远镜也看到了这个景象。2006 年，南温带带在木星周围大部分区域都消失了，或者说至少很难看到了，能最容易看到它的地方位于南温带椭圆 BA 之后。在南温带带褪色的某些地方，有时候可以看见非常浅的残留物。

正如前文所提到的那样，南温带带中可能偶尔会出现短的黑暗圆缺、冷凝体或斑点。2003 年，在南温带带南缘观测到了一个非常短的黑暗圆缺，或者说冷凝体，这个特征被追踪了几个月，通过目视、CCD 及网络摄像机图像上都能看到。2006 年间，在椭圆 BA 后不远处还看到了一段更暗的圆缺。像这样的圆缺和斑点不会在每个木星出现期内都出现。人们看到过的南温带带一个最显著的斑点出现在 1998 年。

1998 年的南温带暗斑是一个值得观察的迷人特征。虽然在 1997 年宫崎拍摄的 CCD 图像上就出现了这个斑点的痕迹，但这个斑点一直到 1998 年才名声大噪。作为国际月球和行星观测者协会木星部门凌星计时的助理协调员，我在 1998 年 6 月 20 日第一次收到来自哈利·波利（Harry Pulley）的关于这个斑点的报告，他观测到了这个斑点并且记录了那天的凌星时间。在接下来的几周内，其他观测者也陆续观测并报告了该斑点。我最初确定它的漂移率为每 30 天 –5 度。1998 年 7 月 22 日，我从国际月球和行星观测者协会通过网络发出了一条警报信息，并且暂时将此特征命名为南温带带暗斑一号（STB Dark Spot #1）。通过目视观测的话这个斑看起来非常小，就像一张纸上的一个铅笔点，它几乎与月影一样黑暗。因为它非常小，所以通过目视观测到它比较困难，但是一旦找到了它，它就会像跳入了观测者的视野一样，非常显著。

在 1998 年 7 月 14 日之后，该斑点的漂移率增加到了每 30 天 –15 度，于是我又发出了另一条警报信息。该信息引起了喷气推进实验室（Jet Propulsion Laboratory）的格伦·奥顿（Glenn Orton）博士的注意，他向我索取了更多的信息。奥顿博士是"伽利略号"探测器任务跨学科科学家之一。我和奥顿博士开始了定期通信。从第一条警报信息发出之日起，到 1998—1999 年的木星出现期结束，世界各地的观测者们不断地观测到这个斑点。事实上，世界范围对该斑点的观测参与度很高，基本上每周至少会有两次关于这个斑点的凌星观测！这个斑点促成了大量的合作，尤其是在天文爱好者之间。业界对这个斑点的兴趣也是专业天文学家与业余天文爱好者之间合作的一个很好的例子。

1998 年 9 月 21 日，我在网上发布了另一条信息，宣称在南温带带中看到了第二个暗斑的特征。这个特征暂时被命名为南温带带暗斑二号（STB Dark Spot #2）。奥顿博士告知我，业界已经决定要对暗斑一号进行更仔细的观测。奥顿博士打算在 1998 年 9 月 27 日前后，在冒纳凯阿用美国国家航空航天局的红外望远镜（Infrared Telescope Facility, IRTF）和近红外相机（Near Infrared Camera, NIRCAM）在 5 微米波段观测木星三个整晚。与此同时，泰瑞·马丁（Terry Martin）博士将在帕洛马山天文台用一个中红外相机和光谱仪进行观测。奥顿博士预期他们还会从"伽利略号"探测器第 17 轨的光偏振辐射仪（Photo-Polarimeter-

Radiometer, PPR）27 微米波段观测中看到这个特征 [60]。奥顿博士后来告诉我这三次观测都很成功。可以想象当时我们的天文爱好者们有多么激动，因为我们发现的这个特征获得了专家的关注，并分配到了如此重要的资源！

这些观测结果显示，这个特征根本不是一个斑，而是木星云顶上的一个洞。这个"斑"在 5 微米波段（红外）非常亮。由于红外探测器探测到的都是温热物质，这就表明了它也是温热的。换句话说，我们探测到的是木星云顶下方从这个洞逸出的更热的物质。在可见光波段，这个洞之所以是暗的，是因为我们看到的是它的下层云层。

在两次木星出现期内都成功观测到了这个"斑"，还引起了天文爱好者与专家的注意，这不仅仅是一个值得观测和记录的有趣特征，随之产生的国际合作对天文学家们而言也是很大的成果 [61]。当看到这样的特征时，木星观测者便有机会来精确地监测这条带的漂移率。

南温带带上看得见的最显著的特征是白色的椭圆形斑 [62]。这些椭圆大多都相当小，并且由于它们与带两侧区域的对比度较低，很难通过目视看到它们。当今最著名的南温带椭圆是大椭圆 BA。

椭圆 BA 是 1939—1940 年源自南温带区的三个椭圆的幸存者 [63]。这些椭圆的历史十分有趣，其中两个的最终消亡为天文学专家和爱好者都带来过难忘的天文观测奇遇。

这三个南温带椭圆最初是作为南温带区的明亮部分而存在的。在 1939—1940 年间，木星的南温带区出现了三个明亮的圆缺，或者说三个亮斑。这几个斑点在 20 世纪 40 年代迅速收缩，在 1950 年形成了三个大的白色椭圆，到 20 世纪 90 年代其尺寸最终缩小到约 1 万千米。这些椭圆的变化呈现出漂移运动（经度方向运动），且"相互靠近而不合并"[64]。

根据罗杰斯的说法，当南温带区被三个逐渐出现的黑暗特征细分时，这三个"原始椭圆"开始出现，三个黑暗特征最初表现为该区域的昏暗部分，或是南温带带的南部组成部分，它们沿经向扩展，直到将南温带区三个中间的明亮区域变成逐渐收缩的椭圆。埃尔默最初将这几个黑暗部分命名为 AB、CD 和 EF，随后它们之中形成的明亮椭圆便以 BC、DE 及 FA 命名[65]。南温带椭圆与大红斑一样是反气旋的，并且逆时针旋转。

1979 年"旅行者号"的图像显示南温带椭圆是与大红斑动力学相似的反气旋涡旋。1998 年，其中的两个椭圆 BC 和 DE 合并成了一个更大的椭圆，后来被称为 BE，此时木星因为距离太阳太近而无法观测[66]。在 1998—1999 年的木星出现期之初，人们就发现三个椭圆中的一个不见了。显然，在木星合相，也就是它藏在太阳后时，发生了一些意外情况。这个问题并没有马上得到解决。新墨西哥州立大学和国际木星观测组织（International Jupiter Watch, IJW）的雷塔·毕比（Reta Beebe）博士联系了我，向我询问了两个幸存的椭圆的经度位置。1997 年，我刚刚担任国际月球和行星观测者协会木星部门凌星计时的助理协调员，并负责追踪木星可视大气中特征的位置。毕比博士想用哈勃空间望远镜（Hubble Space Telescope, HST）来研究剩下的椭圆。用她的话来说，没有人能确定是一个椭圆消退了，还是两个合并了。最终人们判定，最可能发生的情况就是椭圆 BC 和 DE 确实合并了，合并后的椭圆被称为 BE。

此前，这三个椭圆曾多次向彼此靠近，又再次分开。通常情况下，中间存在较小的气旋椭圆，将更大的反气旋椭圆分开。人们总是认为这些系统的动力学会使得这三个大椭圆在聚到一起时互相弹开。因此，两个椭圆实际上合并了的消息使研究木星的科学家感到十分震惊。

随着 1999—2000 年木星出现期的开始，另一个南温带椭圆合并又成了可能，这次是在椭圆 BE 与 FA 之间。1999 年 4 月 30 日，这些椭圆的中心之间仅相隔 18 度。从 1999 年 4 月 30 日到 11 月 20 日，BE 和 FA 之间的距离不断变化，它们时而靠近彼此，时而又分开远离。这两个椭圆分分合合了好几次。到 1999 年 11 月 20 日，它们与大红斑合相或者说接近合相了，天文学家们好奇大红斑的经过是否会改变椭圆的漂移率。这两个椭圆还是继续着靠近又远离的运动，但随着时间的推移，它们之间的总距离越来越近。到了 2000 年 1 月，日中峰天文台（Pic du Midi Observatory）拍摄的 CCD 图像揭示了两个椭圆之间的一个气旋单元已经消失，这使得两个椭圆更容易碰撞及合并［来自桑切斯·拉韦加（Sanchez-Lavega）个人通信］。2000 年 2 月 8 日，测得两个椭圆中心相距 12 度。更重要的是，BE 的后缘和 FA 的前缘仅有 5 度之隔！此时，作为国际月球和行星观测者协会的一名工作人员，我通过网络发布了一条警报消息，并很快收到了来自喷气推进实验室和康奈尔大学的回复。到 2000 年 3 月 17 日，这两个椭圆已经彼此接触，但并未受到干扰。从那时起，事态发展得十分迅速。在 2000 年 3 月 19 日与 20 日，椭圆 BE 向北移动，FA 则在它之上。事实上，冒纳凯阿的红外望远镜的红外图像显示出，有明亮的甲烷云帽位于相互绕转的椭圆上。在 2000 年 3 月 21 日与 23 日，CCD 图像显示 BE 被扰乱了；到 2000 年 4 月 7 日，CCD 图像显示出 BE 和 FA 已经变成了一个单一的物体，但这个物体非常弥散[67]。

于是，在 2000 年 3 月，椭圆 FA 和 BE 在南温带地区完成了合并，为期三周。这次合并发生时两个椭圆位于大红斑的东南方，且在它们之间的一个顺时针旋转的小椭圆消失后。椭圆 BE 和 FA 的高空椭圆云围绕彼此逆时针旋转，然后合并并开始收缩。更深层的云并没有表现出相互绕转[68]。

在剩下的这两个椭圆 BE 和 FA 合并之前，哈勃空间望远镜图像揭示出椭圆 BE 的直径约为 9000 千米，椭圆 FA 的直径则约有 7700 千米。它们之间是一个较小的椭圆，记为 O1。椭圆 O1 的直径大约有 5000 千米。在纬度方向上，椭圆 BE 位于 –32.7 度，椭圆 FA 位于 –33.6 度，小椭圆 O1 位于 –31 度，或者说两个南温带椭圆以南。椭圆 O1 在 1998 年 5 月被首次观测到，它与 1998 年椭圆 BC 和 DE 在合并前观测到的处在它们之间的椭圆类似[69]。

这三个涡旋（BE、FA 和 O1）之间密切的相互作用始于 1999 年 11 月这些椭圆经过大红斑时。彼时，椭圆 O1 开始向南迁移，从纬度 –31 度移动到 –36 度，根据桑切斯·拉韦加等人的说法，它"以反气旋（逆时针）沿着环绕椭圆 BE 的 35 度长的弧移动"。椭圆 O1 从气旋区域移动到了相邻的反气旋（逆时针）区域[70]。

似乎是椭圆 O1 的消失使得椭圆 BE 和 FA 发生了直接相互作用。据拉韦加等人所说："当椭圆彼此靠近时，BE 以 $u = 0.6$ ms^{-1} 的速度移动，而 FA 的速度从 2000 年 1 月的 $u = 1.6$ ms^{-1} 降低至 2000 年 3 月初的 $u = 0.9$ ms^{-1}。" 2000 年 3 月 17 日，在高海拔地区观测到 FA 将 BE 往北推了约 3.2 度（4000 千米）。而后在 2000 年 3 月 21 日，这对椭圆开始围绕彼此以反气旋（逆时针）方向绕转。到了 2000 年 4 月 3 日，两个椭圆已经合并，且到 2000 年 4 月 14 日，其尺寸已经减小，处于一种较为紧凑的状态[71]。

相互作用在中低层（海拔）则略有不同，首次作用发生于 2000 年 3 月 12 日至 15 日。在 2000 年 4 月 7 日和 14 日之间，新的椭圆 BA 仍在形成，其相距 5 度的双核依旧可见。后来，在 2000 年 9 月 2 日，BA 的面积确定为 BE 和 FA 面积总和的 70% 左右[72]。

根据拉韦加等人的说法，观测到的椭圆 O1 和椭圆 FA 与 BE 的绕转运动可以用由涡旋相互引发的速度场来解释。观测到的相互作用包含了已广为人知的现象，这些现象有的已在前人观测中出现过，有的已由电脑模拟预言。人们认为，似乎在木星上观测到的小尺寸斑点之间的大部分相互作用会导致合并。然而，在 1998 年之前这三个南温带椭圆总是相互反弹。尽管它们作为分开的独立个体有着很长的历史，剩下的两个南温带椭圆也已经碰撞并合并在一起。也就是说，60 年之后这三个椭圆最终会合并成一个涡旋[73]。在撰写本文时，幸存的椭圆 BA 仍继续成长着。随着最后两个南温带椭圆的合并，剩下的这个椭圆便以 BA 而闻名[74,75]。和大红斑一样，椭圆 BA 是一个巨大的逆时针旋转涡旋。今天椭圆 BA 仍然可见，尤其是在 CCD 图像中。这个椭圆由于对比度低而难以通过目视辨认，特别是在没有了它周围通常存在的一圈暗色物质的情况下。

在 2000—2001 年的观测中，业余爱好者和专业天文学家都始终监视着南温带椭圆 BA。2000 年 10 月，椭圆 BA 呈现出一种大而明亮的形态。然而由于南温带带的消退和破裂，椭圆 BA 通常难以通过目视辨认。唐纳德·帕克在 2000 年 10 月 5 日拍摄的 CCD 图像揭示出大椭圆 BA 被一圈暗色物质包围，并且南温带带的一个暗色部分在其后跟随了一小段距离。如果没有这圈暗色物质，在 CCD 图像上都难以看到椭圆 BA，因为它与南温带地区剩下的部分对比度很低。目视观测时，我借助了这个南温带带的暗色部分来标记椭圆 BA 的后缘。然而，到了 2001 年 12 月，围绕椭圆 BA 的一圈暗色物质几乎消失了。由于这个椭圆和周围环境的对比度太过微小，以至于几乎不可能以目视辨别出它。只有通过南温带带中椭圆后面的低光度暗色物质才有可能完全看到它。即便是在埃德·格拉夫顿于 2001 年 12 月和毛里齐奥·迪·休洛于 2002 年 1 月拍摄的 CCD 图像中，椭圆 BA 的对比度也低得令人吃惊。最终，一部分外圈暗色物质又显现了出来。埃里克于 2003 年 2 月 22 日拍摄的 CCD 图像显示出椭圆 BA 被暗色物质包围，尽管椭圆 BA 因自身相当暗淡而导致对比度不高。到了 2004 年 3 月，得益于围绕其南部和前后边缘的暗色物质，椭圆 BA 又一次变得容易被看到。罗兰多·查维斯（Rolando Chavez）、克里斯蒂安·法廷南齐和帕克拍摄的 CCD 图像很好地揭示了这一点。

自这三个南温带椭圆在 1939—1940 年第一次出现以来，它们在其生命周期内不断收缩。三个椭圆的经向长度各不相同，在其消亡前 FA 是它们三个中最小的一个。在 20 世纪 80 年代，椭圆 BC 和 DE 长度有 8 度~9 度，而椭圆 FA 长度为 5 度[76]。2004 年 3 月 11 日，我测量了幸存的椭圆 BA 的长度，结果为 7 度。南温带椭圆 BA 的形态、强度和漂移率一直是木星观测者的兴趣所在。大红斑会不会也在其历史上的某个时期有过相同的经历？密切关注椭圆 BA 的表现和状态，将会是接下来几年中业余天文爱好者能做的十分有意义的工作。

令人惊讶的是，椭圆 BA 在 2005 年末改变了颜色，并在

2006 年初显著变红。许多业余爱好者开始将这个椭圆称为"小红斑"。我更愿意继续把这个特征称作椭圆 BA，因为这是它的真实含义，而且我们需要在观测记录上保持连贯性。这个椭圆颜色的变化最早是由业余天文爱好者记录并报告的，到 2006 年 4 月，专业天文学家对这个事件进行了详细的研究和分析。我们将会在第四章中更全面地讨论这一历史性变化。

在我看来，和北温带带相比，南温带带有着更多样的特征，是一条更活跃的带。在未来会是如何呢？只有未来的观测才能揭示有多少椭圆、斑点和带的消退会出现。椭圆 BA 又会如何呢？它会存在多久？它会永远存在吗？现在看来这不太可能。但是，没有了其他大椭圆与之碰撞，还有什么能扰动它呢？南温带将一直是木星上最值得追踪观察的区域之一。

南南温带地区

南南温带地区通常从南纬 37 度延伸至南纬 53 度。位于南温带带南边的是南温带区，南温带区的南边便是南南温带带。南南温带地区极难通过目视观测。对于绝大部分观测者来说，这个区域呈现出不同强度的灰色，并且几乎没有可以辨认出的特征。有时可以看到一个暗淡的灰色南南温带带，大多情况下实际上很难将这条带或者说南南温带区与南极地区的北缘区分开来。与南温带带一样，南南温带带是一条非常窄的浅灰色带。虽然这里的特征很难通过目视观测，但业余爱好者的 CCD 成像已经取得了相当多的成果。通常，这里可以看到许多小而明亮的椭圆，天文学家们对此非常感兴趣。这些椭圆给我们提供了监测该纬度漂移率的唯一机会。与较大的南温带椭圆 BA 不同，这些南南温带椭圆相当小，对比度也极低，许多目视观测者甚至未曾看到过一个。CCD 相机和网络摄像机的图像一般更容易显示出它们，可以看到它们能在南南温带带和南南温带区略深的灰色中脱颖而出。近期观测到的 CCD 图像表明，每次观测时总有六个或以上这样的椭圆出现。这些椭圆的尺寸都相对较小，但是，我成功地在克里斯蒂安·法廷南齐于 2004 年 4 月 2 日拍摄的 CCD 图像上测得一个椭圆的长为 5 度，在昏暗、灰色的南南温带区中看到了数个相当明亮的椭圆。2006 年间，我又再次观测到几个小而亮的椭圆，它们在 CCD 相机和网络摄像机的图像中非常明显。

　　和北极地区一样，南极地区通常极少呈现能被业余天文观测者看到的特征，即便是通过 CCD 相机和网络摄像机也是如此。有时，成像会显示出非常暗淡、薄而模糊的带和阴影差异极微小的几乎注意不到的区域，有时也能看到小而明亮的椭圆。这一区域中能为追踪气流提供机会的特征都非常短暂，或是难以观测到。我在 2003—2004 年的木星出现期中确实记录到了一个特征，大概可以将其描述为非常小的蓝灰色的南极帽，这个特征在 CCD 图像上也非常明显。不论如何，业余爱好者用 CCD 相机和网络摄像机所做的出色工作捕捉到了许多非常有趣的特征。事实上，南极地区要比北极地区活跃得多！在南极地区的南纬 60 度处可以看到小而明亮的椭圆，这些小椭圆也被证实是长期存在的；另一处则在南南南温带气流中南纬 50 度的位置可以看到。随着科技的进步，业余天文爱好者能用上更好的设备，未来业余天文爱好者们在这个领域也能做出更有意义的工作。

　　希望我们到此为止所讲述的历史能清晰地说明，在相对短暂的数年内，木星的外观可以表现出明显的重大变化。如果加以注意，你会发现木星一直都是一个有趣的行星！

3.2 | 大气中的风和急流

　　木星大气中看到的特征并不是静止的，它们会随着相关的气流和急流漂移。虽然木星大气动力学的研究本身就是一门完整的学科，但对木星大气系统的一些理解也有助于业余爱好者研究木星。当我们已知某个特征的漂移率和其表面纬度位置时，就可以确定它与特定急流或气流的关联。有了这些知识，我们就能够预测一个特定特征在未来某个时间的位置，这使得我们在一段观测结束后，或是出现恶劣天气导致观测中断后，能够重新找到并识别某个特征。很多情况下，只有在确定了一个特征的漂移率并将其与该观测区域的历史数据进行比较后，才能最终确定一个带或区中的特征类型。

　　木星大气中有许多气流和急流，其中有一些只能由航天器观测到。这里我们只关注那些可以通过目视监测的部分。以下是在罗杰斯（1995）的基础上对各种急流和气流的讨论。

　　能够通过目视监测的气流共分为三类，其中有大赤道气流，它覆盖了整个赤道地区。相对于系统 II，该气流以每天 7 度 ~8 度的速度沿经度方向上升移动。还有九条慢气流，它们控制着赤道地区外的大部分可视特征，速度每天不超过 1 度。此外，某些带的边缘还存在急流，其速度为每天几度，只有在小暗斑爆发时才能观测到，但这种爆发鲜有发生[77]。

　　只有当急流受到明显的斑点爆发的干扰时，才能从地球上检测到它们。所有较大的特征都随着慢气流移动[78]。

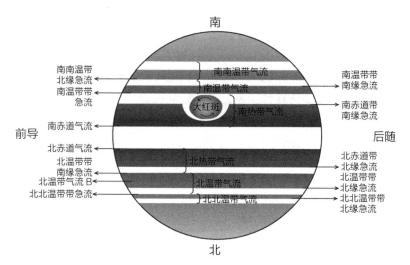

图 3.2　木星上的气流和急流的简化示意图，显示了木星大气的流动方向。图片上方指向南。[作者在罗杰斯（1995）的基础上绘制]

慢气流

到 1901 年，所有的慢气流都被探测和记录了下来（表 3.1）。从那时起，它们只出现过短暂的速度变化。引起九条气流速度差异的原因尚不清楚。气流的速度似乎既与它们承载的特征类型无关，也与它们周围的急流无关[79]。

在这些慢气流中可以看到各种各样的特征，包括亮斑和暗斑、中等和大的斑纹以及气旋和反气旋斑。不管看到的是什么特征，它们似乎都在同一个慢气流中运动。在某些纬度地区，无论是亮斑还是暗斑都很常见[80]。木星上所有的纬度都存在着有趣的现象，因为其特征及与特征相关的气流多种多样。在一段木星出现期内不一定会出现所有特征，但也足够满足观测者的兴趣。耐心与细心能使得观测者收集到有关这些气流现状的重要数据。

慢气流的非均匀性非常重要，因为我们知道亮斑和暗斑具有相反的环流，且实际上处于逆行急流的两侧，这些急流通常在它们周围偏转。因此，较大的斑都处在逆行急流的波浪中。从地球上观测到的慢气流特征大多是大而亮的椭圆或大小与急流之间距离相近的暗冷凝体[81]。

表 3.1　木星的急流与慢气流：纬度与速度

	纬度范围 B"	u (m s^{-1})	经度变化 系统II（度/30天）
急流			
南南南南温带带北缘	53.4°S	+36.3	−129
南南南温带带北缘	43.6°S	+42.1	−125
南南温带带北缘	36.5°S	+31.6	−88
南温带带南缘	32.6°S	−20.8	+42
南温带带北缘	27°S~29°S	+44.3	−110
南赤道带南缘	20°S	−56.6	+117
南赤道气流	7°S	+128	−276
北赤道气流	5°N~8°N	+103	−224
北赤道带北缘	17.6°N	−24.3	+45
北温带带南缘	23.8°N	+163	−375
北温带带北缘	31.6°N	−32	+69
北北温带带南缘	35.6°N	+34.5	−94
北北温带带北缘	39.5°N	−14.8	+31
北北北温带带南缘	43°N	+21.8	−68
北北北北温带带南缘	48.2°N	+28.5	−94
北北北北北温带带南缘	56.6°N	+14.1	−59

	纬度范围 B''	u (m s^{-1})	经度变化 系统II（度/30天）
气流			
南南南温带气流	45°S~52°S	+0.1 ± 1.9	−8.3
南南温带气流	38°S~42°S	+6.6 ± 0.7	−25.1
南温带气流	29°S~35°S	+7.5~1.5	−26~−12
南热带气流	13°S~25°S	−3.6 (±1.0)	−0.1 (±2.3)
北热带气流	14°N~22°N	+0.5 (±2.5)	−9.1 (±5.4)
北温带气流	25°N~34°N	−10.6 (±1.8)	+17 (±4.2)
北北温带气流	37°N~42°N	−2.9 (±1.2)	−0.3 (±3.2)
北北北温带气流	44°N~47°N	+2.5 (±1.4)	−15.2 (±4.1)
北北北北温带气流	49°N~55°N	−2.9 (±0.9)	+1.4 (±2.8)

B″代表木星表面纬度；u（m s^{-1}）代表系统 III 中的速度，以米每秒为单位。
［作者在罗杰斯（1995）的基础上绘制］

急 流

　　木星的急流与地球上并没有太大不同，两者都是快速运动的气流。但是，木星上的急流似乎在纬度位置上要比地球上的更加稳定，地球上的急流在纬度位置上可能会相差很大一段距离。木星上的急流数量也比地球上的要多。这些急流能在木星大气中制造出令人瞩目的现象。当然，多年以来，我也一直沉迷于观察这些急流内快速变化的特征的位置。

　　木星上最快的急流位于北温带带的南部边缘，它在 1880 年的一次斑块爆发中被发现。在 20 世纪 20 年代的爆发中，在南赤道带南缘、南温带带北缘和北北温带带南缘上发现了另外三个急流。第五个从地球上观测到的急流于 1988 年在南南温带带北缘被发现[82]。

　　急流只有在爆发期间才能被探测到，因此我们在地球上的观测具有选择性。拿这五个从地球上观测到的急流来说，它们由航天器确定的纬度和速度与从地球上测定的一致。除去其中一个之外，这些急流的纬度在地面观测期间并没有发生显著的变化[83]。还有其他数个只从航天器上观测到的急流，但是单就地球上能够看到的五个急流而言，业余天文爱好者——特别是能使用 CCD 和网络摄像机成像的——可以监测它们并得到重要的漂移率数据。

3.3 ❘ 木星带和区中的颜色

　　观测木星带和区的颜色是一项令人心旷神怡的工作。不幸的是，这项工作在科学方面令人感到沮丧，这不仅是因为木星云顶特征之间的对比度非常微小，而且通过人眼判定的颜色也很难量化，主观性比较大。皮克认为，对颜色的视觉赏析太过个人化，我们很难期望以此提供可信的科学数据来作为理论研究的可靠基础[84]。即便观测者能察觉到潜在的仪器和大气误差，他们也只能以相对主观的方式判断颜色[85]。尽管如此，我在观测木星时还是会一直记录颜色。

　　当我们试图从地球上观测一个天体的颜色时，会遇到许多障碍。望远镜和光学器件的类型事关重大。高质量目镜与反射镜的结合通常是更好的选择，因为这样可以在最大限度上减少色差的影响。

　　地球大气，或者更具体地说是大气色散，是最主要的问题。地球大气导致的颜色效应，在低海拔地区尤为严重，特别容易破坏对像木星这样的带状条纹行星的颜色估测。与高海拔地区相比，靠近地面的空气密度更大，这不仅会产生众所周知的折射效应，还会导致点源（比如一颗恒星）的成像看起来像一道短的垂直光谱，其上端为紫色，下端为红色。在望远镜的放大下这一点尤其明显，一个行星的上端（望远镜成像中的下端）看上去可能会呈现出蓝色的边缘，而其下端则显出红色的边界。对于像木星这样有明亮区域的带状条纹行星，蓝光和红光会从亮区的边缘扩散出来，给相邻暗带的边缘着色[86]。

使用已知透射波长的滤光片可以消除颜色判定的主观性。可以注意到，当我们用蓝色滤光片观测木星时，由于红光无法透过，大红斑看起来会更暗。同理，如果用红色滤光片观测木星，大红斑看上去将会很亮。滤光片可以用于目视，或者也可以与摄影、CCD 和网络摄像机成像配合使用。已知透射波长的滤光片在科学上非常有用，我们将在之后的篇章中讨论更多有关它们的使用。

在描述木星的颜色时，避免从绝对的角度思考是明智之举。大红斑不是红色的，而是微红色、红褐色或橙红色，又或是呈粉红色的。带不是褐色或灰色的，而是红褐色或浅灰色的。可以说有几种色调的灰色，几种色调的褐色或赭黄色，或者说颜色有某种偏向，但并不存在一种绝对的颜色。

朱利叶斯·本顿（Julius Benton）博士提出过一个非常有趣的消除颜色观测主观性的方法。本顿博士是国际月球和行星观测者协会土星部门的协调员。他认为，应该将行星与一个足够好的颜色标准进行比较，再来进行目视的绝对颜色估测。对绝对颜色的估测必须采用多色光（无滤光片）的仪器进行。国际月球和行星观测者协会土星部门仔细研究了一份合适的颜色标准，采用了大约 500 种彩色纸楔来进行比较。从事这类工作的人需要有正常的色觉，并且（理想情况下）标准颜色应该用一个由雷登 78（Wratten 78）彩色滤光片滤光的钨灯照亮 [87]。

尽管在确定颜色上困难重重，但对于木星观测者来说研究和表征颜色（包括色彩和强度的变化模式）仍然很重要。

3.4 总 结

　　某些特征可能只出现在特定的带或区中。有的特征可能在这一次木星出现期内出现，在下一次木星出现期就消失了。有些特征可能非常少见，也有些特征则几乎一直存在。CCD 图像能够揭示肉眼难以辨认，甚至根本看不见的特征。

　　木星的一些特征极不易察觉，我认识的几位经验丰富的观测者也从没有通过目视看到过它们。对木星观测者来说很重要的一点是，如果之前看到的某个特征后来消失了，也不要感到失望。当然，一个特征或一类特征的消失也可能是一个重要的数据。客观地看待木星，不抱有太大期望，那么每一次观测都会有新的发现，也永远都不会失望。

第四章

木星的颜色、化学成分及大气的垂直结构

对于在可见光波段通过小型望远镜观测的业余天文爱好者而言，木星有许多不易发现的元素。研究这些元素是否只能是专业天文学家的领域，也是值得我们讨论的话题。无论如何，我相信全面发展的业余天文爱好者会尽可能多地学习，也因此会更加享受对木星的研究。

4.1 | 颜 色

此前我们讨论了对木星颜色的观测。但是，木星大气的颜色是什么造成的呢？正如我们所想的那样，这个问题解释起来并不简单。不同的颜色代表了具有不同成分和不同垂直结构的云[88]。对木星大气颜色的认识建立在对其大气的基本了解上。所以，让我们先来学习一些有关木星大气结构的基本原理。

木星的大气主要分为四层，分别是对流层、平流层、增温层和电离层（图 4.1）。对流层和平流层的边界由气压和温度决定，这两者也是相互关联的——温度会随着大气高度的变化而变化。

木星发出的热量几乎是它从太阳接收到的热量的两倍。这种热量以红外辐射的形式向上散发，木星的天气也随之发生改变。与地球类似，木星大气的温度也会随着高度的变化而变化。而与地球不同的是，木星不具有我们可以看到的硬质表面。在地球上，我们从海平面测量高度（即海拔），但木星上并没有海平面，因

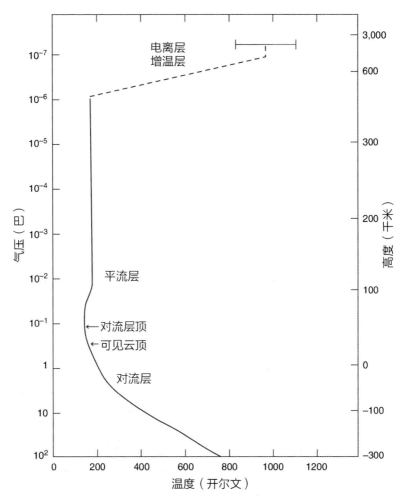

图 4.1　木星大气垂直结构的简化模型，说明了温度和气压如何随高度变化。
［作者在罗杰斯（1995）的基础上绘制］[89]

此科学家们做了一个假设:地球上我们以"巴"为单位测量气压,木星科学家便采用相同的标度,并假设 1 巴为木星的海平面。因此,1 巴的气压就表示高度为零。

地球上大气最低的一层是对流层,木星上也是如此。在木星上,对流层从低处延伸至与木星大气最低温相对应的高度,称为对流层顶,即对流层终止的高度。对流层之上是平流层,所以对流层顶就是对流层和平流层的分界线。对流层顶也被称为温度不再下降的地方。从对流层顶开始,温度再次在平流层上升。因此,在对流层顶会发生逆温现象,在对流层以上温度随着高度的上升而上升。下一个分界层则是平流层顶。艾米·西蒙-米勒(Amy Simon-Miller)认为:"当温度不再增加而开始再次降低时,就代表了平流层顶的出现。因此,每个层的物理厚度和高度完全由温度决定。"(来自西蒙-米勒个人通信)

与地球相同,我们所看到的云存在于对流层中。在对流层低处,对流是热量向上转移的主要方法。而在对流层的上层,热辐射也起到了作用。在对流层顶,对流几乎会停止[90]。云一般不能存在于对流层顶之上,除非存在强对流导致云稍微越过对流层顶并进入平流层中。对流层中的云从光学层面来说是厚的,我们可以看到被太阳光照亮的云顶,但我们的视线无法穿过云层。区的云顶通常要比带的云顶高。(来自西蒙-米勒个人通信)

平流层位于对流层顶之上。在平流层中,热量通过热辐射向上转移,并且不存在对流[91]。平流层内的温度随着高度的升高而升高。对流层有明显的云层,而相比之下平流层由稀薄的气体组成,有时其中会散布着薄雾或气溶胶。气溶胶是悬浮在气体中的微小颗粒,这些气体几乎是透明的或者从光学层面看是很薄的。平流层从太阳和其下方木星本身的热辐射吸收热量,并试图向上再辐射这些热量。然而，这里的气体过于稀薄，它们无法像在低海拔地区那样迅速地辐射出热量[92]。所以，在对流层顶之上，温度又会随着海拔的上升而上升，而不是像其从"海平面"到对流层顶那样下降。在高度为零或者说压强为 1 巴处，大气温度大约为 165 开尔文。对流层顶的温度为 105 开尔文，位置在 100~160 毫巴处。平流层上部大概 1 毫巴处的温度达到了约 170 开尔文。这里温度保持稳定，直到达到增温层，从这里开始温度会急剧上升！在平流层之上，增温层中的温度可以高达850~1300 开尔文[93]。

电离层是大气层上部有许多自由离子和电子的地方。氢分子被太阳紫外线辐射及从磁层中落下的电子和离子分解电离。电离层在分子大气层上方延伸了几千千米，此处电子的温度可以达到1000~1300 开尔文。增温层是大气层上层非常热的地方。这里的中性气体在云顶上方 1500~2000 千米，温度可以达到 1100（±200）开尔文。增温层与电离层有重叠[94]。

有的人也许会认为颜色取决于化学成分，但事实未必如此。我们把在 0.4 至 1 微米的延长可见光连续谱内影响反射光谱形状的物质称为发色团[95]。对于颜色的问题，光谱并没有给出答案。大部分潜在的彩色物质（发色团）并不产生明显的谱线，而是产生非常宽的谱带。可见光谱几乎显示不出带和区的差异[96]。据预测，组成木星大气云层的所有主要化合物的化学构成都很简单，并且应该都是白色的。根据罗杰斯（1995）的说法，彩色物质的可能成分主要有碱金属、硫化氢氨、硫、磷及有机聚合物[97]。但是，造成木星云层颜色变化的成分尚不清楚[98]。

西蒙－米勒等人（2001）用"伽利略号"探测器的固态成像仪（Solid State Imager, SSI）在其任务期间（1995 年 12 月至

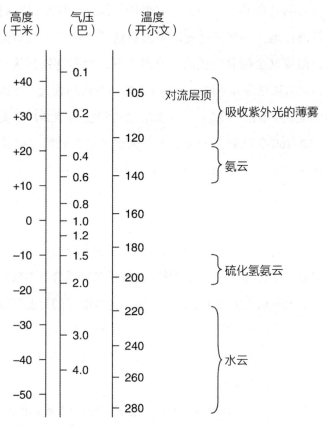

图4.2　木星云层结构的简化模型［作者在罗杰斯（1995）的基础上绘制］[99]

1997年12月）获得的数据进行了辐射转移分析，旨在用727纳米和889纳米的甲烷波段及410纳米和756纳米的感色灵敏度来辨别引起着色云层吸收的垂直位置。对此次分析，西蒙－米勒等人（2001）选取了赤道区、北赤道带、大红斑、一个气旋和反气旋椭圆以及一个5微米的蓝灰色赤道热斑区域。

　　人们认为木星的可见云层结构由稳定分层的对流层和平流层中的薄雾以及深层的氨、硫化氢氨和水的凝结云（图4.2）[100]主导。韦斯特（West）等人（1986）对他们的观测结果进行了解释。

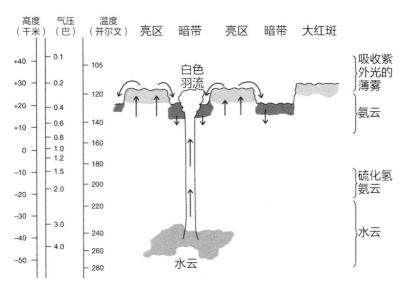

图 4.3 木星云层结构的模型和横截面，展示了对流的方向、高度、气压及温度。［作者在罗杰斯（1995）和本顿（2005）的基础上绘制］[101,102]

从历史上看，带和区曾被认为分别是下降流和上升流的区域，因此它们具有不同密度和高度的云层（图 4.3）。带和区颜色的明显差异在一定程度上支持了该观点——带呈现微红色并且通常颜色更深。引起颜色差异的原因可能是以下其中一种：(a) 带中的云更老并被发红物质覆盖（例如下落的光化烟雾或是云层粒子受太阳光作用），且倾覆程度要比在区中看到的更低；(b) 它们位于大气更深处，此处更红的物质中心上覆盖的氨雾凇会升华[103]。由于缺乏有关垂直运动以及云和颜色按高度和纬度分布的详细信息，这两个推测都还没有得到证实[104]。

一种理论认为，平流层中的薄雾或烟雾和气溶胶会下落并在平流层的云层上层沉积。在地球上也存在烟雾，其中很大一部分是人造的。但对于木星，根据艾米·西蒙 – 米勒所说：“在木星上可能会有入射的太阳光或紫外线辐射与气溶胶和气体相互作用从而产生碳氢化合物烟雾，而后这些微小颗粒会落向云层。我们实际上看到的是云层上方一块厚烟雾层中的大部分有色物质，随着新的氨冰涌出以及云层的倾覆，下方的云可能是白色的。在云因对流被而冲得更高的地方，它们显得更白，这是因为我们视线中的薄雾较少，所以能看到崭新的云层。"（来自西蒙－米勒个人通信）

根据西蒙－米勒等人的说法（2001），如果认为带和区中的现象是具有代表性的，它们之间的主要区别则在于对流层薄雾的颜色以及多变的云层的光深。在任何情况下，对流层薄雾底部的云层都没有出现过着色现象[105]。这与韦斯特等人（1986）和西蒙－米勒等人（2000）的研究结果基本一致，他们认为大部分着色是在厚云层上方的漫射颗粒中。如果在这一层中混有白色的氨冰晶，那么带和区的颜色差异可能完全是由氨冰在混合物中的占比或彩色颗粒结霜造成的[106]。

在带中，较薄云层的高气压和较厚、较红的薄雾可能由气旋剪切带中的下降流及辐合产生，它们使得薄雾和云层中的冰蒸发，并增加了对流层薄雾的厚度。一些新的白云被对流抬上来填补在云层中，上方的烟雾便有可能落下并使它们着色。在区中，小绺颜色可能以类似的方式形成，弱气旋会蒸发对流层的薄雾，使它们在上升流中消退，也因此使其周围变得更明亮[107]。

关于赤道区，我们有时可以在该区的北缘和南缘之间看到颜色梯度（如前所述）。这可能表明，冰与薄雾的混合或雾凇使得南缘看起来比北缘更白[108]。

大红斑有自己的内部能量来驱动它，我们用来解释木星上其余部分颜色的高度和温度理论对它并不适用！（来自西蒙－米勒个人通信，2004年10月25日）人们通过航天探测器获取的图像已经对大红斑进行了详细的研究，以确定其热力学结构、动力学、颜色以及组成成分[109]。红外数据表明大红斑有一个比其他地区要更高、更冷的薄雾顶[110]，对其色彩的研究表明其颜色与其他红色区域也有所不同[111]。通过"伽利略号"探测器固态成像仪从1995年12月至1997年12月任务期间得到的数据，西蒙－米勒等人（2001）注意到大红斑中央核心颜色最红，这可能是由不同于木星上其他区域的着色原因所引起的[112]。事实上，业余爱好者的地基观测已经揭示过这个现象了，在2003—2004年的木星出现期中，许多业余爱好者的CCD图像上显示出大红斑中央核心处呈明显的深红色凝结态。在"伽利略号"探测期间，还发现大红斑内各个位置的云层都非常厚。气压的数据结果证实了云层的北部要比南部更高（气压更低），且东部要比西部更高，总体如预测一样呈倾斜状。其他研究也在先前暗示了大红斑是倾斜的。事实上，有人曾将大红斑描述为一个倾斜的煎饼！大红斑的西北和东南区域包含气压大致相同的云层，但它们的薄雾结构有很大的区别。大红斑中较亮和较暗区域的对流层薄雾相比于在带的区域中看到的那些，会吸收更多蓝光。通过模拟，人们还发现其核心位置有比木星其他区域所看到的更红的平流层薄雾，这与大红斑中可能存在第二种不同的着色原因的理论相符[113]。

在可见光波段，于北赤道带的南部边缘常常能看到较暗的蓝灰色特征。多年来我们一直将它们当作凸出物或是垂饰物的起点。据观测，更大的暗斑在5微米波长处非常温热，说明了这里实际上是薄云区域，所以能在红外波段探测到下方的温热。这些蓝灰色的北赤道带南缘特征通常被称作5微米热斑[114]。

这些蓝灰色的特征可能是强烈的下降流区域，可以清除云层和薄雾并使得 5 微米辐射从下方逃逸 [115]。我们所看到的是这个洞下面的部分，所以看上去更暗。大卫·M. 哈兰（David M. Harland）认为，红外热斑实际上是氨云中的一个洞，5 微米波长的能量可以通过这个洞轻松逃逸。它在可见光波段之所以看起来很暗，是因为此处没有氨来反射太阳光 [116]。因此，这些黑暗区域与其说是一个特征，不如说是不存在特征，或者说是云层中的空地。热斑在红外波段看起来很明亮是因为有内部的热量通过上层云中的洞泄露出来 [117]。这些热斑是"伽利略号"探测器的重点观测对象 [118]。

"伽利略号"探针探测了其中一个"点"下方的区域，发现该处几乎没有氨云层的痕迹，只有在典型的硫化氢氨云层附近有少量证据表明有氨云存在，并且没有明显的水云层 [119]。"伽利略号"的数据与来自探针的结果相结合，证实了这些特征标志着干冷的空气汇聚并被往下送的位置。"伽利略号"检测的热斑位于一条向东运动的急流中。实际上，这条盛行的东向气流径直从洞中倾泻而下，并维持着其形态 [120]。"伽利略号"的数据表明，探针穿过的热斑附近湿度范围在 0.02%~10% 之间，其中心的湿度值最低 [121]。这就解释了为什么探针探测到的水分子会比预期的更少。随着热气体从内部深处上升，各种挥发物便以雨的形式析出。随着干燥的空气在大气顶部"翻转"，风会汇聚并下降。此时已经没有挥发物可以凝结成云，因此便形成了一片干燥的空地。接着，随着冷空气下降，气压升高并再次升温。根据格伦·奥顿所说，"这些干燥的斑可能会增加或减少，但它们会在相同的位置再现，这可能是循环模式所致" [122]。

所以，探针下降探测的这个热斑是一个相对清晰且干燥的区域。任何时候在该纬度位置都有八到十个均匀分布的热斑存在，它们位于赤道区北部与北赤道带南缘之间的交界处，即北纬6度~8度之间。在探针进入时，所有的热斑以相对于系统 III 近每秒 103 米的速度呈整体移动。热斑也与伴随的赤道羽流——被认为是强对流区域的光学厚的云——有关[123]。

5 微米热斑位于赤道带和北赤道带交界处的喷流中，这里被认为是一般下流空气区域的剪切带[124]。并不是所有的蓝灰色特征都是热斑，但是所有的热斑都具有蓝灰色特征。

探针进入木星大气的地方并没有深水云的迹象，目前比较被认可的解释是探针探入的热斑是一个极度干燥的下降气流[125]。奥顿等人通过对热斑垂直结构的分析认为存在两层云结构（而不是通常所认为的三层结构），那里：（1）可能有由尺寸小于 1 微米的氨冰颗粒组成的位于 450 毫巴以上的对流层上层云层，在可见光波段有明显的不透明性；（2）可能是硫化氢氨的 1 巴以下的对流层云，其光深很小，在 4.78 微米处 ≤1.0。通常所说的第三层比较明显的水云不见了。根据奥顿等人的说法，热斑北部和南部地区的对比与热斑是云的不透明度降低的区域这一解释相吻合，可能是由干燥的下沉气流造成的。对流层上层可能需要有由更亮的颗粒组成的更厚的云来满足其在可见光波段强反射性的云层特征，同时也需要尺寸大于 3 微米的颗粒来满足中红外波段的不透明度。换句话说，热斑内部并不存在其周围高而明亮的云层物质。所以，热斑是一个由于干燥的下沉气流而导致云不透明度降低的区域[126]。因此，一个红外或者说 5 微米波长的热斑实际上是一个氨云中的孔洞，5 微米的能量可以通过该洞轻松逃逸。它之所以在可见光波段看起来黑暗是因为该处没有氨去反射太阳光。我们可以假设，如果探针下降至木星大气的其他任意区域，它可能会探测到更多的水，而木星的"典型"大气实际上将更加潮湿。

5 微米的热斑存在生命周期。"伽利略号"探针于 1995 年 12 月 7 日进入木星大气层。在探针到达之前热斑就已经处于监测中了，且预期的探针进入点（Probe Entry Site，PES）早已确定。在探针到达前的几个月内，这个探针进入点的形态相当有趣。1995 年 9 月，这个探针进入点的热斑明显与另一个热斑合并，而后又很快分裂了。在奥顿等人所谓的其"生命周期"之始，也就是 1995 年 10 月 3 日至 13 日之间，热斑再次出现，从一个小小的"楔形"演变成一个较大的"逗号"状，并伴随着一个明亮但很小的圆形核心和一个小"尾巴"，而后又呈现出短暂的细丝状；在这之后它演化至一个"成熟阶段"，此时热斑覆盖了经度方向上几度的区域并有一条倾斜大约 30 度的尾巴；随后，它达到了变化最为强烈的状态——变平并极大地向外扩张。这个探针进入点一直保持着这种扁平的形态，直到 1995 年 11 月至 1996 年 7 月期间。此后它又再次开始了生命周期，呈现出小楔形，随后又变成逗号状。1996 年 12 月，它跳过了成熟阶段并再次化身为一个小特征。到 1997 年 8 月，它已经演变至成熟阶段，并在此后不久又一次开始破裂[127]。

人们通过红外望远镜–国家自然科学基金会相机（Infrared Telescope Facility-National Science Foundation Camera, IRTF-NSFCAM）对 5 微米热斑的经向位置、形态和演变进行了三年多的研究，这三年期间涵盖了"伽利略号"探针进入的日期。奥顿等人对数据的分析表明，在几个月到一年的时间里有 8~9 个经向区域中极有可能包含 5 微米热斑。这些区域相对于系统 III 以随时间缓慢变化的速率一起漂移（以大约相同的速率），且它们是准均匀分布的，表明存在波动特征[128]。

奥尔蒂斯（Ortiz）等人观测发现，实际上热斑的数量几乎总是多于 10~11 个。他们还观测到可能存在不同的波模式或波数，其移动速度略有不同。这就可以解释为什么个别热斑看起来比其他的移动得更快一些。虽然它们的形态复杂，但大部分热斑似乎呈现为成熟阶段的外观，此时它们较大，有一个热且窄的垂饰物从其最东边向南且向西延伸，倾斜大约 30 度。我们仍需要更多的观测来提供完整的 5 微米热斑与我们目视看到的蓝灰色垂饰物之间的联系（如果存在的话）[129]。

人们曾认为这些特征是在木星周围的随机经度上产生的，但仔细检查数据后便发现，一旦选择了适当的漂移率，情况就不是这样了。奥尔蒂斯等人得出结论，认为其模式和观测到的速度都与罗斯贝波（Rossby wave）一致 [130]。

奥尔蒂斯认为热斑是在天底观测时木星大气中 4.8 微米处的等效亮度温度高于 240 开尔文的区域。热斑从北赤道带的南部边缘延伸至赤道带，但它们并没有被称作北赤道带或赤道区热斑，而是根据它们的中心纬度作为参照，即行星心北纬 6.5 度 [131]。

高分辨率红光和近红外图像显示，与 4.8 微米的热斑具有完全相同的形态的区域在目视上非常暗。然而，并不是所有 4.8 微米处看到的较暗特征在红光和近红外图像中都是明亮的。因此，虽然每个热斑都和蓝灰色特征相关，但并不是每个蓝灰色特征（垂饰物）都与热斑有关 [132]。根据奥顿的说法，所有的蓝灰色特征在红外波段都是温热的（即便只是轻微的），但正如奥尔蒂斯所写的，并非每个蓝灰色特征都会被归类为热斑（来自奥顿个人通信，2005 年 8 月）。

对北赤道带南缘蓝灰色特征（可见的垂饰物）的长期观测表明，它们的漂移率和位置与 5 微米热斑相似，也就是说，它们与 5 微米热斑一样，围绕整个木星圆周的经度分布（通常是对称的），在时间上具有准周期性，并且它们的数目都会随时间演化。根据罗杰斯（1995）和其他组织的数据，这些"较暗的北赤道带南缘凸出物"通常有几个月的生命周期，之后会在同一位置再次出现，并伴有褪色现象[133]。

我们之前讨论了这些特征（垂饰物）在业余仪器中的物理外观以及在某个时期内国际月球和行星观测者协会是如何特别致力于从一次观测到下一次追踪这些垂饰物的。我认为对业余爱好者来说，在更连续的基础上重复这一尝试以追踪上述的形态，将会是一个很棒的工作。

这些蓝灰色特征在 5 微米处（即红外波段）显得很"明亮"。由于红外波段能感知温度的差异，我们便知道它们是热斑。因为地球的大气为我们遮挡了红外波段的光，所以红外波段的工作必须在高海拔地区开展。奥顿利用美国国家航空航天局（NASA）在夏威夷冒纳凯阿的红外望远镜收集了数据。尽管红外波段的工作仍然主要是专业天文学家在做，但也不禁让人好奇业余爱好者的仪器和能力能发挥多少作用呢？

虽然我们经常在木星的带和区中看到有些较暗的延伸的特征，但真正黑暗的凝结且独立的斑在木星大气中其实稀有。我们已经对南温带暗斑进行了一些讨论，它是有史以来被观测到的最暗的斑之一。"伽利略号"探测器曾检查过这个斑，数据显示该斑的温度高于其所在的环境。温热的无云环境表明，这是一个干燥的高层大气气流汇聚的区域，在其下沉时在云中形成了一个洞，并随着密度的增加而变热[134]。

1998 年的暗斑（1998 南温带暗斑）与探测器下降探测的无云热斑不同。根据喷气推进实验室的格伦·奥顿博士所说，虽然两者都在 5 微米处看起来很温热，但暗斑确实要比其周围更热，而 5 微米热斑实际上和其周围温度相同[135]。

除此之外还有明显的颜色对比。5 微米热斑，也就是我们看到的垂饰物，一般是深蓝灰色的。1998 热斑则极其黑，当我通过目视观测这个斑时，它看起来非常小，但几乎和月影一样黑。

在 2005 年末，剩余的白色南温带椭圆 BA 开始变色，并在 2006 年初明显变红。我认为这在天文学界是相当出乎意料的，事实证明专业天文学家对此也非常感兴趣。椭圆 BA 是 20 世纪 30 年代在大红斑南边形成的三个长期存在的白色椭圆的残余物。前两个存在的椭圆 BE 和 FA 于 2000 年 4 月碰撞并合并。椭圆 BA 一直呈现为灰白色或暗白色，但业余天文爱好者在 2005 年末拍摄的图像中发现该椭圆显现为黄褐色。2005 年 12 月拍摄的图像显示出椭圆 BA 在其历史上首次呈现出红色，这在 2006 年初进一步的成像中也得到了证实[136]。

根据西蒙 – 米勒等人的说法，1996 到 1998 年通过哈勃空间望远镜得到的图像以及 1997 年“伽利略号”探测器得到的数据表明，椭圆 BA 与木星的其他白色区域相似，具有较高的、光学上较厚的白色云层和薄雾。相比之下，较暗的带的区域似乎由更深的白云组成，其上覆盖着一层较厚的蓝光波段吸收（或散射）薄雾。这层薄雾实际上范围很广，但在云层最深——穿过薄雾的路径最长的地方显得最暗。如前所述，大红斑具有高而厚的有色云层，不同于木星其他反气旋地区和椭圆，需要有单独的着色因素来解释它的颜色，这个着色因素有可能来自大红斑强大的高气压系统上升气流中心区域的大气深处。带中的着色因素和大红斑中可能的第二种着色因素从未被最终确定。如果大红斑中存在第二种着色因素，尚不清楚它是在某个深处产生的，还是由大红斑上方顶层物质的紫外线辐射引起的。由于气旋系统也可能是红色的，因此似乎来自深处的某些物质应该是变红的来源，或者至少是造成变红的因素之一。这种来自深处的物质可能始终是红色的，也有可能是在紫外光子的短时间曝光下才变红的[137]。化合物 NH_4HS 是一种可能，因为它在紫外线光子仅几小时的曝光下就会变红（来自西蒙-米勒个人通信）。

2006年4月8日、4月16日和4月24日哈勃空间望远镜拍摄的图像表明椭圆BA当时明显呈红色。然而，甲烷波段图像中的白云表明，这种颜色并不是由穿过有色薄雾的较长路径引起的，它也不是薄雾和云层中的一块空缺。这便是第二种着色因素存在的证据[138]。曾有过其他呈红色的短暂气旋风暴。当它们特别红时，看上去没有被任何薄雾覆盖，这表明在上层薄雾中有较大的洞。同样，这也是支持"来自下方的某种物质可能非常红"这一观点的一个很好的论据（来自西蒙-米勒个人通信）。椭圆BA与大红斑中都存在第二种着色因素，这表明风暴可能已经变强了，并且在以与大红斑大致相同的方式隔离物质。"旅行者号"和"伽利略号"探测器测量的转动速度与之后"卡西尼号"和哈勃空间望远镜得到的数据对比显示涡量增加。这种增加的涡量有助于从某一深处吸出物质，从而使得椭圆BA变暗。因此，这种一般是白色的风暴看起来已经加强到了更像大红斑的样子[139]。未来对椭圆BA的观测可能会为解决大红斑和其他椭圆的红色之谜提供线索。当然，使用CCD和网络摄像机的业余爱好者将在这一研究中发挥重要的作用。

人们投入了大量的研究来确定木星颜色的成因，并且有一些理论已经得到了科学家们的支持，但大多数还都未经证实。虽然我们相当确定这些区的白云是由氨冰构成的[140]，但是关于木星最基本的问题，例如它的云是什么颜色的，仍有待回答[141]。

总的来说，我们认为木星上的颜色并不取决于其化学成分，影响反射光谱形状的可能是被称为"发色团"的物质。天文学家认为，木星的可见云层结构由对流层上层和平流层的霾以及更深层的氨、硫化氢氨和水的凝结云主导。对流层上层和平流层的薄雾会和紫外光作用，产生下降的碳氢化合物烟雾，使对流层的云顶着色。对流层中位于不同深度的不同的云也可能影响我们看到的颜色。因为对流而上升至更高海拔的氨冰云呈现白色；大红斑的核心是木星上所有区域中最红的，与木星其余地方不同的着色因素可能是大红斑红色的成因；而北赤道带南缘的蓝灰色 5 微米热斑根本不具有颜色，它只是氨云的空缺造成的。

前面的讨论虽然有些复杂，但希望能有助于我们认识并理解研究木星大气的颜色所涉及的困难；虽然目前讨论的技术可能只涉及专业领域，但也需要注意到当今许多业余爱好者都在甲烷或是其他波段对木星成像。不同波段的图像为理解云层的高度和结构提供了宝贵的线索。如今随着业余爱好者所使用仪器的更新换代，越来越多的研究领域是否将不再仅限于专业人士尚未可知。现在对这些学科的一些了解可以使业余爱好者们为未来的参与做好准备。

4.2 | 化学成分

如前所述,木星云层的光谱并没有提供太多关于木星化学成分的解答。根据预测,组成木星云层的所有主要化合物的化学性质都很简单,而且呈现为白色。然而,由于木星的大小和质量,人们预期它会保留与它形成时的宇宙比例相似的化学成分,即在太阳和星际气体中发现的那部分[142]。因此,当我们了解太阳系的形成时,我们便会认为氢和氦占木星质量的大部分,或者说99%。以氢为主的大气在化学上具有还原性,也就是说,其他元素应该主要会以氢化合物的形式存在[143]。多年来的地基观测以及近期的航天器观测极大地丰富了我们对木星化学成分的理解。我们知道不同元素存在于木星云层的不同气压处,因为它们只有在特定的压力下才会形成。因此,当不同深度处辐射出的各种波段形成一条谱线,该谱线便揭示出该波段对应深度处或该处之上的气体浓度[144]。我们稍后将会看到这一性质将如何帮助我们描述木星大气的垂直结构。

木星上首批发现的分子是甲烷和氨。鲁珀特·维尔特(Rupert Wildt)(1931,1932)从红光光谱中早已为人所知的几个吸收带中辨认出了它们[145]。在"旅行者号"探测器任务结束到"伽利略号"开始探测之前的时间里,我们知道了木星大气中存在以下分子[146]。

甲烷(CH_4)是仅次于氢气和氦气的丰度最高的气体,存在于大气各层之中[147]。

氨(NH_3)的丰度仅次于甲烷,其存在于 1 巴或更深的区域。氨的含量似乎受木星天气影响。举例来说，带中的氨要比区中的更少，这种特征与"带是下沉或下涌气体区域"的理论一致，从高海拔处流下的贫氨气体解释了为什么带中的氨云更低且更薄[148]。

水（H_2O）的丰度要比氨低得多。在 1 巴处不存在水，在约 4 巴处仅有少许水[149]。

硫化氢（H_2S）尚未被明确探测到，可能存在于更深处的云层下方[150]。

磷烷（PH_3）、锗烷（GeH_4）和砷化氢（AsH_3）［诺尔（Noll）及其同事，1990］检测到的比例与从宇宙丰度中预测的相近。由于它们在对流层中不太稳定，其存在很可能是来源于更深层的上升气流。然而到目前为止，并没有明确迹象显示它们在带和区中的丰度差异[151]。

一氧化碳（CO）则更令人惊讶，因为它是还原性气体中最不稳定的一种氧化物，但观测结果却表明在整个对流层中有很多一氧化碳。因此，它们也一定是从更深层的区域中被带上来的[152]。刘易斯（Lewis）和弗格雷（Fegley, 1984）认为，磷烷、锗烷和一氧化碳的丰度都可以由木星大气中从温度约 800~1300 开尔文的区域中上升的气流来解释，该区域比任何直接探测都更深[153]。

氰化氢（HCN）是由德永（Tokunaga）及其同事（1981）首次明确探测到的，并且其并不处于化学平衡状态。它的来源尚不确定，最有可能是对流层上层的光化学（光诱导）反应所致[154]。

乙炔（C_2H_2）和乙烷（C_2H_6）也有被探测到，但都是在红外波段的辐射中，这表明它们位于平流层。一般认为乙炔和乙烷是平流层中甲烷辐射的光化学反应的产物[155]。

自"旅行者号"任务结束之后，有"伽利略号"探测器环绕木星运行，"卡西尼号"探测器也在其前往土星的途中完成了历史性的飞掠探测。通过这两次任务我们又获得了更多分子存在的证据。我们还知道，这些气体分子的起源与内部热化学、光化学以及撞击化学有关，对于木星上的这些过程我们也已经有了更充分的理解。

根据孔德（Kunde）等人的说法，"在压力和温度很高的深层大气中，木星的热化学熔炉以将氢（H）原子转化成分子形式（H_2），并且将易反应的原子［例如，碳、氮和氧（C、N 和 O）］转化成饱和氢化物［甲烷、氨和水（CH_4、NH_3 和 H_2O）］的形式处理这些与太阳的元素类似的组成物质。对流将这些分子向上输送到较冷的区域，在该处水、硫化氢氨和氨（H_2O、NH_4HS 和 NH_3）凝结成云"[156]。因此，木星是一个热化学过程的极佳例子。

光化学涉及了由紫外光子与木星上层大气中的分子相互作用而产生的分子变化，或太阳紫外线辐射对小行星或流星表面的轰击。

"卡西尼号"探测器上的复合红外光谱仪（Composite Infrared Spectrometer, CIRS）还在木星的平流层中发现了两种新的碳氢化合物——甲基自由基（CH_3）和丁乙炔（C_4H_2）。这两种物质都推动了木星平流层的光化学反应。它们是在木星南北的极光红外热斑中被探测到的[157]。极地极光平流层是由磁层的高能电子和离子的沉积驱动的，这些电子和离子加热了大气，通过离子诱导的化学作用提高了某些碳氢化合物的丰度，并通过提高环境温度增加了平流层所有物质在热红外中的可见度。复合红外光谱仪对木星极光区域的测量表明，与周围的极地大气相比，极光红外热斑区域内的许多碳氢化合物的排放都有所增强，也就是说，热斑相对于其周围有明显的温度和 / 或成分差异[158]。

撞击化学与外来物质对化学成分的影响有关。1994 年 7 月"苏梅克–列维9号"彗星多次撞击木星就是一个非常著名的例子。复合红外光谱仪观测到了二氧化碳和氰化氢在空间中的分布，这两者都被认为是"苏梅克 – 列维 9 号"彗星撞击的产物。"苏梅克 – 列维 9 号"彗星向木星的平流层注入了大量的氮、氧和硫分子，在由此导致的激波化学和随后的光化学反应中产生了大量的氰化氢、一氧化碳和一硫化碳，而后一氧化碳和水的光化学演化生成了二氧化碳[159]。

"伽利略号"探测器上的探针在下降至木星云顶时进行了原位测量。在该探针的帮助下，我们确定了木星大气中氦的丰度实际上与预期值非常接近，略低于太阳中氦的丰度的 25%。与之相比，甲烷、氨和硫的丰度却超过了太阳，这表明彗星等小型天体的陨落在木星的演化中发挥了重要的作用。此外，人们还发现氩、氪和氙的丰度远高于太阳中的数值，是预期的两到三倍，这意味着木星并非单单由太阳星云形成的[160]。

现在，我们对木星的化学成分有了更全面的了解，我们知道了木星大气中还存在这些额外分子：氢（H_2）、甲基自由基（CH_3）、乙烯（C_2H_4）、甲基乙炔（C_3H_4）、苯（C_6H_6）、丁乙炔（C_4H_2）、二氧化碳（CO_2）和同位素氘化氢（HD）、单氘化甲烷（CH_3D）、同位素甲烷（$^{13}CH_4$）、同位素乙烷（$^{13}C_2H_6$）、同位素氨（$^{15}NH_3$）以及对流层冰——水冰（H_2O^{Ice}）和氨冰（NH_3^{Ice}）[161]（参考孔德等人 2004 年发表于《科学》杂志第 12~13 页的文献，可在线查阅）。除此之外，还有氩、氪和氙[162]。

4.3 木星大气的垂直结构

长期以来，观测木星外观特征的经纬位置变化一直是业余爱好者也能够参与的领域，但与观测木星的物理或视觉外观不同，对木星垂直结构的观测还不是业余爱好者能做到的事，至少在撰写本文时是如此。事实上，即便是专业的天文学家，深入探测木星云层的能力也是很有限的，我们将会在之后了解到这一点。但是作为业余爱好者，我们也应该去了解现有的知识以及如何获得并处理数据。

通过了解木星大气中元素的丰度，并掌握温度和气压随高度变化的规律，可以预测各种类型的云形成的高度[163]。传感器可以探测的深度取决于气体不透明度，而气体的不透明度又取决于气体的化学成分。不同的气体会在不同的温度和气压下凝结，这两者都随着深度的增加而升高[164]。图4.1描绘了木星大气垂直结构的一个简化模型。

约翰·S. 刘易斯（John S. Lewis, 1969）最早研究出了目前被木星科学家们所接受的云层模型。刘易斯预测了三种主要云层：最高层的氨冰（0.3~0.7巴），其下方的硫化氢氨（NH_4HS，2巴）以及更深层的水（5~6巴）[165]。水在木星大气的上升过程中，经过4巴的气压区时会凝结。氨则在更低的温度下冷凝，位置处在约0.7巴的大气的更高处。但是，由于木星大气不够冷，不足以凝结甲烷，所以甲烷仍处于气态[166]。水云可能和地球上一样，包含了上层冰晶与下层水滴[167]。水并不是纯净的，其中溶解了大量氨（图4.2）。根据卡尔森及其同事的研究（Carlson, 1988），氨云就像厚厚的卷云，不太可能沉积物质，但它们下方较厚的水－氨云可能会产生降雨[168]。

由于甲烷混合性好，并且有便捷的光谱吸收特征，因此可以作为判断其他元素云层垂直分布的"示踪剂"。业余爱好者们能够在甲烷波段对木星成像，这让当今的专业天文学家感到很高兴。云层的大气压强可以从近红外波段的图像推断出来。从云层的气压可以推断出它的深度，而从它的深度又可以推断出它的化学成分。这是因为不同类型的云只会在特定的气压和温度下形成。或者从另一个角度来说，如果某次观测发现了木星上的一片氨云，那么我们就能知道云的深度和温度。在被甲烷强烈吸收的波长下拍摄的图像可以穿透的深度不超过1巴，在吸收较弱的波长下则可以穿透得更深一些，而在甲烷不吸收的波长下则可以穿透约8巴。在我们对不透明度做出预估后，我们就可以处理此类图像，从而对某个特征所在位置的气压及其深度进行推断。通过"堆叠"这几幅不同波长下拍摄的图像，特定云的垂直结构是可以被推断出来的[169]。这是非常有用的信息。

用一个简化的模型，我们就可以描绘木星带和区的垂直云层结构和对流（图4.3）。注意云和雾在带和区之间的相对高度，以及大红斑的顶部位于海拔最高处。

可能会让观测木星的新手感到惊讶的是，我们无法用仪器观测到木星大气层的深处。要记住，对流层的云在光学层面是比较厚的，我们只能看到被阳光照亮的云的顶部。平流层密度较低，主要包含气体和气溶胶，而且在光学层面比较薄。事实上，平流层在视觉上是看不到的。西蒙－米勒认为，平流层的薄雾实际上也几乎不可能被看到，除非在紫外波段。在紫外波段，这些薄雾通常是没有特征的，不过偶尔也会有一些特征出现（来自西蒙－

米勒个人通信）。当然，深入到 4~5 巴的地方也仅仅是触及了表面，木星的深处可能存在什么呢？

为了推断云层之下的木星结构，我们必须借助理论物理学，利用现有的关于氢和氦在极端温度和气压下的反应的信息[170]。目前公认的理论和模型似乎都认同以下主要特征（图 4.4）。在木星可见的云层下存在着由氢分子形成的深层大气或海洋。在较高的海拔（较低的气压）处，氢以气体的形式存在；但在较低的海拔处，在云顶以下约 1000 千米处，在数千巴的气压下，氢气会变成热液体[171]。再往下，在云顶以下 15,000~25,000 千米的深度，温度超过 15,000 开尔文，气压为 2 百万~4 百万巴，此处应该会发现金属氢地幔[172]。最后，在木星的正中心，在气压接近 10.06 亿巴，温度超过 35,000 开尔文的地方，应该存在一个岩石内核。在这样的温度和气压下，木星上的大部分金属应该已经沉入了这个内核中[173]。

木星的内部会产生极高的热量。是什么导致了这种巨大的热量？地球的天气系统是由吸收太阳的热量驱动的。然而木星的天气系统更多的是由其内部热量驱动的，而不是太阳的热量。航天器的观测已经确定，木星实际上释放的热量比其从太阳吸收的能量多了 1.67 倍[174]。

木星从其非常热的内部散发热量，这种热量的主要来源可能是原初热和引力热，因为木星自形成以来还没有完成冷却和收缩的过程。又或者，这种热量也可能是由木星每年收缩 1 毫米引起的[175]。

虽然业余爱好者无法直接观测推动木星大气层活动的化学成分、气压和温度，但对这些机制的基本了解可以帮助我们更好地欣赏我们所观察到的木星上的可见特征。通过理解这些特征形成的过程，我们可以深入了解这个星球，而不是仅仅凭借目视观测。对我来说，研究木星的各个方面都很有趣。但是，对木星气压和温度以及它们如何影响云层结构的理解对业余爱好者来说有新的意义。我们讨论了甲烷、氨和其他成分在不同气压和温度下是如何存在的，以及在特定波长下的观测如何能提供有关云层垂直结构的信息。现在，除了在可见光和甲烷波段外，业余爱好者的观测能力是有限的。然而，这方面正在取得进展。近年来，有不少业余爱好者在甲烷波段进行观测。最近，当我把一张业余爱好者拍摄的木星在甲烷波段的 CCD 图像发给新墨西哥州立大学的雷塔·毕比博士时，她对我说："现在这个非常有用！"（来自毕比个人通信）。甲烷只是一个开始。因此，了解木星的大气结构变得更加重要。当然，在 21 世纪，随着技术的飞速发展，业余爱好者将会发现他们可以使用的波长越来越多。我认为在 21 世纪结束之前，业余爱好者将会做专业人士今天在做的事情。

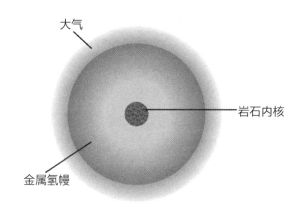

图 4.4　木星内部的简化模型

第五章 /

木星周围的电磁环境

木星的特征远比肉眼所能看到的要多得多，至少要比业余天文爱好者在可见光波段能看到的要多，比如木星的电磁环境。木星的电磁环境也是这颗行星的迷人之处，对它的基本认识将使你成为一个知识更加渊博的业余天文爱好者。

5.1 ▎磁层与磁场

木星和地球一样被自己的磁层包围着，但不同的是，木星的磁层非常庞大。哈兰认为，"木星的磁层是太阳系中最大的离散结构。它有数百万千米宽，数千万千米长。事实上，如果我们能用肉眼看到它，它将比夜空中的月亮还要大——其跨度为 1.5 度，而月亮的跨度为 0.5 度"[176]。在希尔（Hill）的描述中，其宽约 20 个太阳直径，长为几个天文单位（图 5.1）[177]。这真是一个巨大的结构！

在试图理解木星磁层的巨大尺寸时，我们可以将其表示为木星半径的倍数。木星的半径是从它的中心到"表面"的距离；R_J 代表一个木星半径，是 71,400 千米。从木星中心到弓形激波的距离可达 100 个木星半径。木星的磁尾可以延伸到 150~200 个木星半径。木星的磁层之所以如此之大，是因为它是由热等离子体和更冷的同向旋转等离子体片的离心力注入的。关于这一点，在后面的章节中会进行详细讨论。

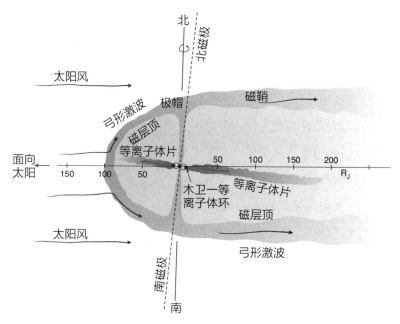

图 5.1　木星磁层模型［作者在罗杰斯（1995）的基础上绘制］[178]

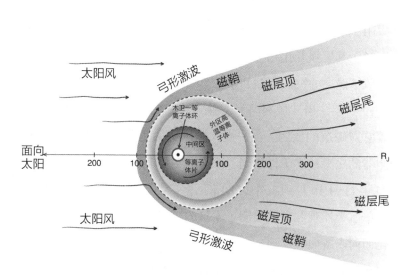

图 5.2　从木星北极向下看的木星磁层模型［作者在罗杰斯（1995）的基础上绘制］[179]

磁层分为三个区域（图 5.2）：外区是最为稀疏的，它的形态结构也是多变的；中间区包含一个与行星磁场共同旋转的赤道等离子体薄片；内区包含木卫一等离子体环，是磁层中密度最大的部分。磁层的结构可以进一步描述为由多个部分组成，其外边界是由它与太阳风的相互作用形成的，太阳风是一种从太阳向外流出的微弱磁场和等离子体。太阳风将自己包裹在木星磁层的向阳面，它被偏转并散布在行星周围。这个尖锐的边界被称作"磁层顶"。当太阳风接近磁层顶时，其中的等离子体会急剧偏转，产生"弓形激波"。弓形激波和磁层顶之间的区域称为"磁鞘"[180]。我们知道，这些边界到木星的距离会随着太阳风强度的变化而变化，太阳风的强度也随着时间而变化[181]。

磁层顶的压强平衡决定了磁层的大小。磁层的内部压强由行星的磁场和被困于磁场中的等离子体（热电离气体）提供，其外部压强由太阳风提供。太阳风是一种完全电离的等离子体流，它从太阳不断向外流动且变化着。太阳风是高超声速的，当它远离太阳时，其压强变化趋于剧烈，形成冲击波。这些行星际的冲击波导致了磁层的突然压缩和膨胀[182]。

1995 年，当"伽利略号"接近木星时，科学家们急切地等待着它对磁层的探测。当一次太阳风平息使得磁层往外膨胀时，探测器的磁力计终于探测到了磁层。实际上，磁层的弓形激波在 1995 年 11 月 16 日到 26 日之间来回多次扫过了探测器[183]。因此，这个单航天器观测事件表明了木星的磁层顶会随着太阳风的压强变化而向内或向外移动。

在地球上，人们通过多个航天器的观测来了解这一过程的发生，这些观测可以让我们对正在发生的瞬变事件有一个快速的认识[184]。费尔菲尔德（Fairfield）和西贝克（Sibeck）等人认为，地球磁层的大小变化已经被记录了几十年，总共有约 1821 次观测 [185]。

"先驱者号"和"旅行者号"对木星进行了为数不多的观测，这些观测都是相似的。人们普遍认为木星磁层顶的位置是由太阳风压强所控制的，至少在一定程度上是这样的 [186]。

"卡西尼号"和"伽利略号"探测器在 2000 年 12 月和 2001 年 1 月进行了同步观测。当时"卡西尼号"正在飞往土星的途中，而此时"伽利略号"在木星的轨道上飞行。科学家们利用了"卡西尼号"在 2000 年 12 月 30 日时飞越木星的机会，当时"伽利略号"还在执行环绕木星的扩展轨道任务。2000 年 12 月 28 日，当"卡西尼号"接近木星时，它第一次探测到了木星的弓形激波。实际上，"卡西尼号"会多次探测到弓形激波。数据表明，在 2000 年 12 月 28 日至 2001 年 1 月 20 日期间，"卡西尼号"至少遭遇了 16 次木星的弓形激波。因为太阳风压强的不断增加，弓形激波在来回冲刷"卡西尼号" [187]。在这期间，"伽利略号"正处在"卡西尼号"向阳的方向。对这两个探测器数据的分析表明，磁层顶曾在"卡西尼号"处呈现显著膨胀的状态，而此时在"伽利略号"处磁层顶则处在一种由膨胀过渡到正常状态的过程中。根据两个探测器的距离和太阳风的压强数据，压强峰从"伽利略号"处传播到"卡西尼号"处需要大概 5 个小时。因此，有明确的证据表明，这里存在一个从"伽利略号"处移动到"卡西尼号"处的增压区，其移动的时间尺度正好与太阳风中增压区的移动时间尺度相似 [188]。因此，我们看到的木星磁层是一个不断变化的结构，由于太阳风的影响，其空间和时间尺度的变化是我们难以想象的。

尽管按照我们通常的标准，木星的磁层是真空的，但它实际上包含着稀疏的等离子体，即由气体分解成的带正电的离子和带负电的电子。比木星磁层更大的是一个稀疏的钠原子星云，它包裹着整个木星系统。多次的航天探测任务都报告了木星周围存在大量的高能离子和电子，甚至在距离木星好几个天文单位的地方都能探测到相对论性电子。高能中性原子也被探测到了，它们的质量和电荷状态都无法确定，所以被标记为高能中性原子。图像也显示出钠的微量存在。"卡西尼号"探测器曾发现一种快速且炎热的大气中性风，它从木星延伸出来超过 0.5 个天文单位，其中存在着被太阳风的电场加速了的高能中性原子。这些原子被认为是起源于木卫一的火山气体，这些物质遭受了一系列的电磁相互作用，最后逃离木星的磁层进入木星系统的周围环境。这个"星云"从木星出发向外延伸了数百个木星半径[189]。

我们会经常用到"等离子体"这个术语，所以我们应该了解什么是等离子体。等离子体是高度电离的气体，它由几乎数量相等的自由电子和正离子组成。木星的等离子体片由低能等离子体构成，主要集中在木星赤道面上几个木星半径内。它分布在磁层中，其中有集中电流流过[190]。由于等离子体是由低密度的电离气体构成，它是一种良导体，其特性很容易受到周围电磁场的影响。离子和电子通过发射和吸收低频的"波"相互作用。这些等离子体波以静电振荡（类似于声波）和电磁波两种形式存在。这种波是由等离子体内部的不稳定性导致的[191]。

木星磁层的存在主要归功于木星的磁场。和地球一样，木星的磁层也由等离子体组成。这些等离子体大多被束缚在磁场的特定区域，并随着木星的自转而转动。在木星的辐射带中，这些被束缚的粒子比地球磁场中的粒子的能量高十倍，数量也多很多倍。木卫一的火山活动是木星磁层的内部物质来源之一[192]。木卫一是磁层的重要物质来源，磁层中的大部分粒子都来自木卫一，而磁层的能量来自木星的自转。离子和电子由穿过木卫一的木星磁场提供最初的能量，这使它们开始旋转并随着木星运动。木星磁层是动态变化的，其磁赤道和赤道有 10 度的偏移。木星的磁场不是完全对称的（图 5.3），它通常可被认为是一个与木星自转相比轴偏移了 9.6 度的偶极磁场[193]。由于磁层是倾斜的，它跟着木星自转而转动时就会发生摆动。所以，当从一个静止的点观测时，磁层会发生振荡和扭曲，而磁层外围由于受到太阳风的影响，会在几小时的时间尺度上发生变化。木卫一等离子体环每年也会发生变化，这可能是由木卫一的火山活动导致的。

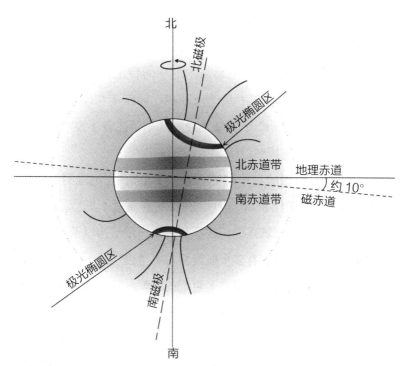

图 5.3　木星偏移、倾斜的磁极、磁力线和极光椭圆区的简化视图［作者在罗杰斯（1995）的基础上绘制］[194]

罗杰斯认为，行星磁场可以用"磁力线"描述，这些磁力线就像在空间中穿行的弹性电缆，锚定在旋转的行星上。在两个磁极处的磁场更强，磁力线也就更密集，它们向磁极方向汇聚。因此，行星磁场就像一个磁力瓶，这就是为什么行星（包括木星和地球）可以以高能辐射带的形式在其周围聚集等离子体[195]。我们可以通过一个简单磁铁附近排列着的铁屑来想象磁力线。还记得学校里的那个实验吗？老师把一块磁铁放在桌子上，然后在其周围撒上铁屑。铁屑在磁铁周围顺着磁场的磁力线排列，磁场穿过磁铁的南北两极。行星磁场和磁力线的运行及外观就与此类似。

木星磁场可能起源于木星内部深处。据推测，其磁场来源于木星深处的"发电机"循环，这个循环发生在假说中由金属氢形成的木星地幔内。和木星一样，木星磁场也会自转，但其自转周期为 9 时 55 分 29.71 秒。这个周期被称为系统 III，它与木星射电暴的周期一致，这些射电暴与木卫一的特定轨道位置是同步的[196]。磁场的旋转轴与木星的极轴相比倾斜了 9.6 度，它与木星中心相比偏移了 0.12 个木星半径。这里要注意不要将系统 III 和系统 I、II 的旋转周期混淆。

当然，木星磁层的存在和其尺度是由地面的射电观测得到的。直到 20 世纪 70 年代和 80 年代，有探测器飞过木星后，我们才准确知道了磁层的磁场强度、粒子数量、详细结构以及其总体范围。随着时间的推移，有多个航天器对木星磁层的不同区域进行了探测，这使得我们对磁层有了更好的了解。这些观测展现了磁层结构随时间推移产生的变化，揭示了木卫一作为磁层物质来源的重要性（图 5.4）[197]。"先驱者号"和"旅行者号"任务结束的时候，我们得到了以下的观测结果：（1）有一股超过百万安培的电流沿着连接木星和木卫一的磁力管流动。（2）在木卫一的轨

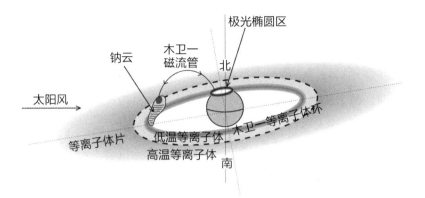

图 5.4　木卫一等离子体环、木卫一磁流管、钠云、等离子体片和极光的简化视图［作者在罗杰斯（1995）的基础上绘制］[198]

道上，有一个包含硫离子和氧离子的甜甜圈状的环包围着木星。该环可以发射紫外线，其温度高达 10 万开尔文，平均每立方厘米拥有超过 1000 个电子。在木卫一的轨道和木星之间存在一个"冷"等离子体区域（即被迫随磁场旋转的等离子体），它含有比预期更多的硫、二氧化硫和氧，这些物质可能都来源于木卫一的火山喷发。（3）向阳面的磁层顶（即太阳风和磁层相遇的磁层外边缘）对太阳风压强变化响应迅速，变化范围在小于 50 个木星半径到超过 100 个木星半径之间。（4）在磁层的外区存在着一个"热"等离子体区域（即不随磁层旋转的等离子体），主要由氢离子、氧离子和硫离子组成。（5）木星会发射低频无线电波（波长为一到几千米），其辐射强度和纬度密切相关。（6）木星磁层和木卫三之间存在着复杂的相互作用，这使得木卫三周围高达 20 万千米的区域的磁场和带电粒子都偏离了磁层本身的平滑分布。（7）木星背后约 25 个木星半径处，磁层的闭合磁力线转变为了非闭合的延伸磁尾。这是磁层与太阳风发生顺流作用①的结果。（8）

---

① 太阳风与磁层的作用使得磁层在顺着太阳风的方向上延伸。

木星的磁尾延伸到了土星的轨道——在木星外超过 7 亿千米 [199]。

　　"卡西尼号"和"伽利略号"同时进行的观测，可能第一次让科学家们得以了解弓形激波和磁层顶的真实形状和弯曲程度。此时，两个探测器相距约 100 个木星半径，其中"伽利略号"在其第 29 轨绕木飞行，处在"卡西尼号"的向阳方向 [200]。"卡西尼号"飞跃木星为人们提供了一个前所未有的机会，此时"伽利略号"仍然处在木星轨道上。当"卡西尼号"靠近木星后，两个探测器中的一个对太阳风性质做了观测，而另一个则探测到了木星磁层的响应。之后，当两个探测器的相对位置发生改变后，它们的观测任务也发生了交换。在很短的一段时间内，两个探测器都处在磁层内。它们获得的观测数据显示，由于太阳产生的行星际冲击波的撞击，木星磁层被压缩 [201]。当"卡西尼号"进入木星时，它观测了上游太阳风的性质，而此时"伽利略号"则处在磁层深处。后来，当"卡西尼号"向外经过木星时，"伽利略号"处在太阳风中，"卡西尼号"则在磁鞘中进进出出，两个探测器的角色发生了互换 [202]。

　　木星与太阳风的作用无论如何都不是单向的，实际上它们具有很活跃的双向作用。木星磁层在太阳风上留下了明显的痕迹，甚至在其上游很远的地方也是如此。木卫一的火山为木星磁层提供了重离子，其中大部分是含氧硫。希尔认为，这些离子一旦进入磁层就会被激活，如果它们通过交换电荷变为中性，就可以逃脱磁场的束缚。这些高能量的中性原子形成了一种行星风，这种行星风可以逆着太阳风而上。这些粒子不带电，所以不与太阳风耦合。最终，这些高能中性原子被重新电离，从而成为太阳风的一部分。然而，由于太阳风和太阳一样主要由氢组成，这些重离子保留了其起源于木卫一火山的独特特征，也因此为木星磁层对太阳风的反作用提供了明确证据[203]。

　　磁层是由外区、中间区和内区构成的（图5.2）。磁层外区的磁场很弱，并会在一小时或更短的时间尺度上变化，尤其是在靠近磁层顶的部分，此处的等离子体非常稀疏且炽热。在磁层顶内侧的等离子体是整个太阳系中（甚至包括太阳）最热的等离子体，能达到3亿~4亿开尔文。然而此处的粒子是非常稀疏的。实际上是此处超热等离子体的压强阻挡了太阳风，而非是由磁层本身阻挡的[204]。当太阳风遇到磁层后，它会绕着木星偏转。木星磁层在向阳的这一面被压缩，而当太阳风绕过木星时，磁层则被拉出一条长长的尾巴。这条磁尾相当长，能达到150~200个木星半径。磁尾还可能折断并顺着太阳风向下游移动。"先驱者10号"和"旅行者2号"在土星轨道附近都遇到了木星磁尾的碎片。"伽利略号"探测器的轨道也经过了调整，在143个木星半径处穿过了磁尾，以便进行观测[205]。

　　磁层的中间区从木卫一的等离子体环向外延伸到约30~50个木星半径的地方。磁层的这一部分由约5个木星半径厚的等离子体片主导[206]。哈兰认为，"伽利略号"探测器证明了盘状等离子体片从木卫一等离子体环向外延伸了至少100个木星半径，而且该盘的厚度在周期为10小时的旋转中会发生变化[207]。该等离子体片近似但不完全和木星赤道同步旋转。它是热的，但它比外区的等离子体温度低很多，因此我们把等离子体片称作"较冷等离子体"。木卫一及其中性原子云为木卫一的等离子体环提供了物质，这些物质向外扩散形成等离子体片。这个密度更大但温度更低的等离子体片的主要成分是来自木卫一的硫和氧。实际上，大部分的磁层粒子都来源于木卫一。木卫一等离子体环是磁层中密度最大的部分，它处在约5.5~8个木星半径之间[208]，而木卫一的轨道半径为5.9个木星半径。

磁层的内区从 5.5 个木星半径处向内延伸至 1.5 个木星半径处。这个区域被木星自身的磁场控制。此区域内总的等离子体密度下降，但高能粒子能达到其峰值[209]。事实上，在这个区域内，人在不到一分钟的时间内就会受到致命剂量的辐射。

总结一下，木星磁层基本由三个区域构成：在向阳面，磁层外区从磁层顶开始向内延伸到距木星约 50 个木星半径的地方；中间区从外区内沿开始向内延伸到 8 个木星半径处的木卫一等离子体环；内区由木卫一等离子体环主导，这个环面从 8 个木星半径处向内延伸至 5.5 个木星半径处。

为了进一步了解磁层结构，我们可以想象自己在乘坐一个从太阳方向飞向木星的飞船，在这个飞船中我们将逐步研究磁层的各部分结构。

我们顺着太阳风飞行，当我们接近木星时，我们会发现我们和其他粒子一起被压缩了，这里就产生了弓形激波。我们穿过弓形激波后就进入到一个叫作磁鞘的相对较薄的区域。很快，我们就越过了一条叫作磁层顶的假想边界，太阳风和磁层在这里相遇并绕木星而过。现在我们到了磁层外区的稀薄的等离子体中。继续飞行，我们就到达了位于中间的一片等离子体区，这片等离子体区与木星赤道面共同旋转。最后，我们就到达了磁层内区和木卫一等离子体环。继续飞行，我们会离开内区并依次经过中间区和外区。这些区域向远离太阳的一侧延伸。飞行的最后，我们来到木星的磁尾，它是木星磁层被太阳风向外拉出而形成的。罗杰斯认为，磁尾开始于距木星约 150 个木星半径处，在这里等离子体从同向旋转的等离子体片上脱落，并向尾部流去[210]。到土星轨道附近人们仍能探测到木星磁层的磁尾，我们在这次旅程中所看到的木星磁层的结构的确巨大无比！

5.2 木卫一的云和环面

木卫一等离子体环是木星磁层的核心，是磁层密度最大的部分，也是磁层大部分等离子体的来源[211]。实际上木卫一本身在木星磁层中就扮演着重要角色，这是因为磁层中绝大部分的粒子都来自木卫一。爱荷华大学的卢·弗兰克（Lou Frank）说木卫一等离子体环是"木星磁层跳动的心脏[212]"，物质通过木卫一周围的中性原子云以中性原子的形式从木卫一输送到其等离子体环[213]。

环绕木卫一的钠云实际上是1972年由布朗（Brown）在地面观测时发现的，他观测到了云中钠原子的可见光波段的发射线。云中也有其他的原子，这些原子来自木卫一[214]。木卫一等离子体环含有硫、氧、钠和钾，这是人们之前就知道的。而在1999年，亚利桑那州基特峰国家天文台的天文学家宣布，木卫一等离子体环中也含有氯[215]。木卫一的原子云位于木卫一周围，它通常被拉长成类似香蕉的形状（图5.4）[216]。木卫一和原子云以每秒17千米的速度绕木星旋转，而等离子体片则以比云快得多的每秒74千米的速度旋转。云中的原子也在绕着木星旋转，向内扩散的原子旋转速度更快，而向外扩散的原子旋转速度更慢。当同向旋转的等离子体追上原子云时，撞击会导致这些原子电离成离子和电子，然后这些离子和电子会被等离子体片捕获，最终迁移到磁层中[217]。

如果你能想象一个环绕木星腰部的巨大轮胎内胎，或者一个非常大的甜甜圈，你就能对木卫一的等离子体环面的形态有一个很好的了解。这个环面位于5~8个木星半径处，并与木星磁场同向旋转。木卫一绕木星公转时只会经过该环面两次，这是因为木卫一的轨道与环面相比倾斜了7度[218]。木卫一等离子体环不是一个坚硬而不可穿透的结构。注意，不要把它和木星的薄纱环混淆。相反，它是一个由电离气体（即等离子体）组成的环面，是一个沿着木卫一轨道环绕一圈的光环[219]。"先驱者10号"在1973年探测到了环面的紫外辐射，从而发现了这个环面的存在。之后在1979年，"旅行者号"测定了环面的完整范围[220]。"先驱者10号""旅行者1号"和"尤利西斯号"探测器都曾穿过这个环面，最近"伽利略号"探测器也穿过了这个环面，由此我们得知了该环面由三个同心的部分组成。冷的内环面处在木卫一的轨道内，位于5~5.6个木星半径处，它只接收了木卫一等离子体的2%[221]。环面峰在5.7个木星半径处，也在木卫一轨道内。它是冷的内环面和温暖的外环面之间清晰的边界[222]。温暖的外环面处在5.9~7.5个木星半径处，位于木卫一轨道外。外环面是向外扩散的等离子体的主要等离子体池。这些扩散的等离子体会从周围的热等离子体和磁场获得能量[223]。

等离子体环面有一个明显的外边界，与磁层中间区的等离子体片相连。在7.5~9个木星半径区域，等离子体密度急剧下降，而温度则急剧上升了5倍[224]。

我们还没有完全理解维持环面存在的所有机制。此前，人们一直认为，木卫一表面的中性原子是受到木星磁层中旋转运动的带电粒子的轰击而喷射出来的。但在木卫一边缘发现火山羽流后，这个可能的过程才变得更加明确。"旅行者号"探测器曾观测到环面上电离氧以及单双电离的硫发出的紫外辐射。显然，这些等离子体的密度和木卫一的火山活动有关[225]。当"伽利略号"探测器开始执行任务时，科学家们就已经得出结论：之前的猜想是正确的。木卫一抛射的离化物质会被木星磁场带走并逐渐加速 [226]。

　　尽管木卫一的低逃逸速度使得火山羽流可以上升到几百千米的高空中，但火山喷发并不足以将粒子直接发射到磁层中。实际上，羽流中的粒子会带电，从而容易受到木星磁场的影响而被吸引到磁层中，因而形成了甜甜圈状的木卫一等离子体环 [227]。

5.3 辐射带

　　木星也有一个和地球功能相近的辐射带系统。然而人们最初并不知道木星的辐射带是单一的带还是由多个带组成。

　　"伽利略号"大气探测器携带了一台高能粒子仪器，用于测量电磁环境中电子、质子、氦核和重离子的流量。探测器在进入木卫一的轨道后就开始进行高能粒子采样。科学家们原以为木星环内的区域是平静的。然而在距离木星5万千米的地方，探测器探测到了一个强辐射带，其粒子密度是地球范艾伦辐射带的十倍！探测器测量到的辐射强度变化清晰地表明了木星存在两个不同的辐射带，其中内部的那个辐射带是以前人们所不知道的[228]。

5.4 极 光

和地球一样，木星也会形成壮观的极光，更具体地说，极光会出现在木星的两极附近，其发生方式与地球上的大致相同。极光在南北极周围都会形成一个椭圆，在那里，磁层的离子和电子会向下流入到电离层。这些粒子来源于木卫一的等离子体云及其外部的等离子体。极光椭圆大致标志着与木卫一轨道相交的磁场线形成的环，其内部经常会有热斑[229]。

木星极光活动的存在最初是根据"先驱者号"探测器收集的粒子和磁场数据推测出来的。1978 年发射的国际紫外线探测器进行了第一次直接观测。后来"伽利略号"探测器利用其紫外光谱仪在木星的暗面搜索了极光活动[230]。木星极光在远紫外波段是最容易被探测到的，因为氢的原子和分子辐射都在这个波段。这些辐射只有在地球大气层外才能被探测到。因此，20 世纪 70 年代和 80 年代的探测器首次在木星云顶探测到了极光，环绕地球的"哥白尼号"是第一个发现极光的探测器。哈勃太空望远镜也在 1992 年首次探测到了木星极光[231]。木星极光也可以通过有现代红外技术加持的地面仪器观测到。多个研究小组也已经拍到了木星极光的红外图像[232]。绕地球运行的探测器也探测到了来自木星极光区域的 X 射线辐射[233]。从地球上也可以在 3.5 微米的红外波段探测到极光。在远紫外和红外波段，极光椭圆在向阳面和背阳面都可以被观测到[234]。木星的极光活动集中在环绕两个磁极的椭圆带中[235]。人们认为这些"朦胧的云"正是在极光活动的下方产生的[236]。

木星的极光是太阳系中最强大的。它最主要的特征包括一个与木星同向旋转的主椭圆，或者说"足迹"，以及木星暗面椭圆内部的一个斑块状扩散发射区域[237]。木星极光主要是由木星旋转中提取的能量来提供动力，太阳风似乎也有一定的贡献。这与地球极光形成鲜明对比，地球极光是由太阳风和地球磁层的相互作用产生的[238]。

有证据表明木星上的极光活动可以快速爆发并快速消退。在1999年9月21日的两个小时内，人们利用哈勃望远镜的成像光谱仪（STIS）在时间标记模式下对木星北部的远紫外极光进行了四次成像。在两个小时的观测中，有一个时长四分钟的片段里出现了一个巨大且快速增强的耀发式木星极光发射。该活动起初只是一个处在系统III经度167度、北纬63度的小"针尖"，之后它的发射强度快速上升并绵延了数千千米。在约70秒时，这个活动在视觉上达到了它的最大强度，然后其强度和规模就开始减小。整个过程都发生在那个四分钟的片段内。在这次极光耀发活动中，其他的极光在发射强度和形态上几乎没有变化。这一耀发活动发生在主极光椭圆内一个相对暗弱且弥散的发射区域[239]。

主椭圆的耀发存在极向的部分，这表明主椭圆是通过磁力线与位于距木星向阳侧30个木星半径以上的磁层区域相连的。模型分析表明该耀发是连接到一个纵向延伸的区域，该区域处于晨段的40~60个木星半径处。因此我们可以认为是磁层这一区域的扰动引发了这个耀发[240]。根据先进成分探测器在地球的L1拉格朗日点进行的测量以及后续的计算，人们发现在观测到耀发的时间附近，木星轨道上的太阳风动压出现了急剧上升[241]。

我们已经讨论过太阳风对木星磁层形状和大小的影响。我们还讨论了太阳风对极光辐射强度变化的影响。据推测，木星向阳侧磁层顶的太阳风动压的急剧上升造成了磁层的扰动，并在极区的极光耀发中表现出来。耀发时的太阳风条件并不罕见，这表明如果是由太阳风压强变化引发的这类耀发，那么这种耀发可能也并不少见。地球极光对太阳风动压脉冲的响应可以通过多种事件得到证明，包括与行星际冲击相关的快速全球增光和较小规模的瞬态极光事件。类似的事件可能也在木星上发生着[242]。

当"卡西尼号"飞过木星去往土星的途中，科学家们利用这次与木星的相遇获取了木星极光活动的数据。为了将木星极光的强度及形态变化与太阳风的状态联系起来，"卡西尼号"和哈勃望远镜以及环绕木星的"伽利略号"开展了联合观测活动。在靠近木星的阶段，"卡西尼号"监测了太阳风的状态，而"伽利略号"观测了木星磁层内的磁层性质，哈勃望远镜观测了木星的极光。在远离木星的阶段，"卡西尼号"观测了背阳面的极光并穿过了磁鞘边缘，监测了木星磁层形状和宽度的变动，而"伽利略号"则监测了太阳风，哈勃望远镜监测了向阳侧的极光[243]。"卡西尼号"在从地球到木星的旅途中观测到三次由太阳风活动引起的行星际冲击。在每一次的冲击过后，木星的极光都会明显变亮。这证明了太阳风的作用可以使这种极光增亮[244, 245]。

木星极光被观测到可以在短时标（几分钟到几小时）和长时标（几天到几周）上变化。这种变化被认为是由内部磁层和外部太阳风的共同作用导致的。和驱动地球极光类似，人们观测到了木星上的电子注入过程和瞬态极光特征之间的直接联系。地球上的极光主要受太阳风影响，而木星极光则与此不同，它的形态显示出对太阳风以及木星自转的依赖[246]。

我们知道地球磁层中被困住的高能电子和离子会突然加速向地球移动，部分注入的粒子沿磁场线运动并撞击上层大气，这会使地球极光（包括北极光和南极光）产生一些动态特征。木星极光与地球极光也有几分相似，例如，两者都展现为围绕极点的大椭圆，并且都会发生瞬态事件。但地球和木星磁层的供能方式极为不同，以至于我们不知道地球上的磁层驱动极光这一理论能否套用到木星上。毛克（Mauk）等人证明了木星磁层中类似于地球的电子注入过程与木星极区瞬态极光特征之间的直接关系。因为木星磁层主要由其快速且稳定的行星自转提供动力，而非由外部变化的太阳风提供动力，所以在木星磁层中发现类似地球的带电粒子注入是很令人惊讶的。毛克等人利用"卡西尼号"在 2000 年底和 2001 年初飞掠木星时获得的数据，以及"卡西尼号""伽利略号"和哈勃望远镜的联合观测结果，首次发现了粒子注入在木星极光发射中所起的作用[247]。据"伽利略号"等离子体光谱仪小组成员斯科特·博尔顿（Scott Bolton）所说，木星的极光弧很薄且呈斑块状，这与地球上的不同。据估计，木星的极光弧发生在高于 1 巴约 300~600 千米的地方[248]。

木星的木卫一、木卫二和木卫三这三颗卫星，每一颗都会在木星上产生一个非常独特的极光"足迹"。木卫一的足迹是最亮的，这是因为它的火山活动将大量的重离子注入了木星磁层中[249, 250]。这些足迹将在"木卫一的磁流管和其在木星上的磁足迹"一节（第 5.7 节）中详细讨论。

5.5 射电辐射

　　木星的射电辐射为该行星的强磁场和大磁层的存在提供了第一手的证据[251]。木星是一个非常强的射电源，特别是在 0.6~30 兆赫的波段。20 世纪 50 年代，人们第一次探测到了木星光谱中的射电辐射。人们很快发现，当某些特定经度接近木星的中央子午线时，似乎就会有射电暴发生。然而这些射电暴似乎与木星上的任何外观特征都没有关联。最终在 1964 年，比格斯（E. K. Biggs）意识到这些射电暴的发生是与木卫一的特定轨道位置相对应的。这里我们再次看到了木卫一对木星电磁环境的强烈影响[252]。

　　这些 0.6~30 兆赫的射电辐射被称为十米波辐射，是四类射电辐射的一种。我们知道这些十米波是由"环绕磁场线旋转的同步辐射"产生的[253]。当电子被困在磁场中时，就会产生射电同步辐射。其他三种射电辐射分别是分米波辐射、毫米波辐射和千米波辐射。

　　分米波辐射的波长在 10 厘米到几米之间。它们来自 1.3~3 个木星半径的内磁层，在 1.5 个木星半径处的辐射是最强的。这是辐射带中能量最高的地方[254]。

　　毫米波辐射是木星大气热光谱的一部分，其波长可达 10 厘米[255]。

　　千米波辐射只能在太空中探测到，而这种来自木星的辐射直到"旅行者号"到达木星系统时才被发现[256]。

　　有证据表明木星的射电辐射和极光是由太阳风控制的。频率在 0.3~3 兆赫的射电辐射通常被称为百米波辐射。格尼特（Gurnett）等人的研究 [257] 表明，这些辐射是由从太阳向外传播的行星际激波触发的。产生这些百米波辐射的电子也会产生极光，因此极光也同样会受到太阳风中的行星际激波的控制。人们认为，木星的射电辐射是由产生极光的电子沿高纬度磁场线运动而产生的，其产生的百米波的频率和极光都会有很大的变化。已有证据表明太阳风在控制百米波辐射的强度方面起着重要作用。"卡西尼号"和"伽利略号"探测器证实了这种太阳风对木星百米波辐射和极光的影响。2000 年 12 月 30 日，在"卡西尼号"飞掠木星期间，"卡西尼号"和"伽利略号"对木星的百米波射电辐射和极紫外极光辐射进行了同步联合观测。这一观测结果表明，这两种辐射都是由从太阳向外传播的行星际激波触发的 [258]。我们还了解到，木星的同步辐射可以在相对较短的时间尺度上变化，甚至可以短至几天 [259]。

我们知道当行星际激波和地球磁层相作用时，地球磁层会被强烈压缩。这会导致磁层中的磁场以及与此相关的等离子体加速和充能过程发生大规模的重构。与压缩相关的应力会导致出现大的场向电流和电场，特别是在沿着高纬度磁场线的地方，携带场向电流的电子会撞击大气层并产生极光。据推断，类似的过程也造成了木星的百米波辐射和极光 [260]。"卡西尼号"和"伽利略号"的观测为此提供了强有力的证据，证明了木星的百米波射电辐射和极紫外极光发射是由行星际激波触发的 [261]。因此，即使是来自木星的射电辐射也会受到太阳风中行星际激波的影响。

5.6 闪 电

二十世纪七八十年代的航天探测器任务揭示，和地球一样，木星的云层中也有闪电。博鲁茨基（W. Borucki）和威廉斯（M. Williams）在 1986 年计算出木星的闪电必定发生在 5 巴的高度，远低于我们可见的云层。闪电发生在此高度上巨大的雷暴中，其动力学与地球上的雷暴相似。实际上探测器在木星的背阳侧拍摄到了闪电，并通过等离子体波实验听到了闪电的"雷声"[262]。最近，"伽利略号"大气探测器在进入木星云层顶时也发现了闪电。该探测器"在下降的 57.6 分钟内听到了 50,000 个闪电的射电暴"[263]。

我认为闪电发生在地球以外的星球上是很有趣的。导致闪电的物理条件可以存在于另一个与地球如此不同的星球上，这真是一个奇迹。但是，研究木星上的闪电有一个重要的原因：闪电是对木星大气中的动力学、化学成分和热交换过程的一种诊断[264]。虽然地球上的闪电在地理上是均匀分布的，但木星上的闪电似乎仅出现在高纬度地区[265]。在地球上，我们会经历击中地面的闪电，也会经历云层之间的放电，这两种过程都是很常见的。而因为木星没有"地面"，所以那里的闪电都是云间放电。木星上的闪电比地球上的闪电平均要强十倍[266]。

"伽利略号"探测器在木星的背阳侧寻找闪电，并在北纬 46 度向西移动的急流以南发现了一连串的闪电雷暴。"旅行者号"探测到的几乎所有闪电也是在一股向西运动的急流附近的纬度。闪电在可见的氨云层下闪烁，氨云层就像一个半透明的屏幕，将光线向上散射。从闪电的视宽度可以推测出它的深度为 75 千米，这个深度和水云所在的深度相一致[267]。此前，"旅行者号"的观测结果也确定，木星的闪电发生在深约 5 巴的水云中[268]。

"旅行者号"曾观测到，在大红斑周围产生了一系列快速扩张的白云，类似巨大的雷暴，这些云又被大红斑周围的急流带走。事实上，用一个 6 英寸孔径的望远镜就可以观测到大红斑后侧巨大且明亮的尾迹。后来，"伽利略号"在这些跟随大红斑的雷雨云中探测到了闪电，并确认了其强对流的特征。"伽利略号"对其中一个无定形气旋区的云进行了多滤波观测，其结果与对闪电的观测结果一致。多次的雷击证实，这是一个饱和环境下的湿对流点，深度为 75 千米。"伽利略号"观测到的明亮的云和地球大气中的上升对流是很相似的[269]。"卡西尼号"在去往土星途经木星时也观测到了木星的闪电，对闪电光谱中的 Hα 线的观测表明其探测到的闪电确实来自木星大气层 5 巴以上的深度处[270]。我们知道大红斑后边跟随着巨大的湍流。"伽利略号"观测到的最有趣的闪电就发生在大红斑的尾迹中。显然，这片大气流中存在的异常强烈的湍流涡流区域是有利于异常强烈闪电的发生的。"卡西尼号"探测到的四个风暴中的一个就发生在大红斑的湍流尾迹中[271]。

木星闪电呈簇状发生，也被称为风暴。"伽利略号"在这些风暴中多次观测到闪光，这些风暴之间相隔很远。"伽利略号"观测到的大多数风暴都发生在气旋剪切带。唯一的例外是北纬40 度～北纬 50 度之间的风暴，它们似乎聚集在向西急流的中心附近[272]。"旅行者号"和"伽利略号"在木星南半球观测到的风暴则要少很多。

由于木星闪电发生在水云中，超过 5 巴深度的地方有闪电发生就表明木星上的水云可以在超过 5 巴处存在。这就是我们观测木星闪电的好处，因为没有其他探测技术可以探测到比 5 巴更深的地方。要使深于 5 巴的水云得以存在，必须有合适的温度，而且木星大气深处水的丰度应该超过太阳中的一倍 [273, 274]。

"卡西尼号"在经过木星时观测到了四个闪电斑，它们与"卡西尼号"几小时前在向阳侧观察到的四个异常明亮的小型云（大小约 1000 千米）的位置是对应的。显然这种云是非常罕见的，在任何时候都只有几朵。光学和近红外光谱表明这些云密度较大，在垂直方向上延伸，并包含了异常大的粒子。这些也是地球上雷暴云的典型特征 [275]。"旅行者 2 号"观测到的闪电并不总是和这种明亮的小型云层相关，这是因为"卡西尼号"在其经过的距离上能观测到的雷暴很少，只能观测到最强大的雷暴，因此这些云层和"卡西尼号"观测到的闪电之间的相关性可能表明，只有最强大的雷暴和其中的明亮闪电才能穿透对流层，达到在反射光中容易观测到的水平 [276]。"卡西尼号"的观测也证实了"旅行者号"的结论：即使云层没有延伸到对流层顶部而暴露出明亮的云层，也可能产生闪电。这种深层风暴可能在深层雷暴阶段之后几小时或数天，又或者在这一阶段之前发展到顶部，也可能在其整个生命周期中都保持在深层中 [277]。

我们现在可以相当肯定地说，木星闪电发生在云间放电的过程中，这和地球上大多数闪电发生的情况一样；另外，木星闪电是发生在水云中的。木星闪电为我们指出了木星上水云的深度，通过对这些深度的温度估计，我们可以估计木星和太阳的水丰度比。我们从之前的航天器观测中学到了很多，但关于木星闪电及其驱动机制，还有很多需要了解的地方。

5.7 ┃ 木卫一的磁流管和其在木星上的磁足迹

正如我们已经讨论过的，木星和其卫星木卫一是以电磁方式紧密相连的。展现这种联系的现象之一就是"木卫一的磁流管"。木卫一和木星通过一对磁流管而保持电磁相连，该磁流管沿着木星极区的磁力线延伸[278]。

木卫一磁流管是木星电磁环境中的一个迷人特征，约翰·罗杰斯对此解释得很好。根据罗杰斯的说法："当充满等离子体的磁场扫过木卫一时，它会在木卫一上产生电势，从而驱动电流通过木卫一，或者更可能的是通过它的电离层。扫过木卫一的等离子体往往会被夹带到木卫一的轨道速度，并向北或者向南加速进入这种电流，这就形成了一个所谓的粒子'磁流管'，它们沿着与木卫一相交的磁力线运行。磁流管实际上是由一个从木卫一出发沿着磁场线前进的波所引导的，这个波叫作'阿尔文波'。在朝向木星的磁流管一侧，电子从木卫一流向电离层，离子则是沿相反方向运动。而在远离木星的一侧，方向则是相反的。"（图 5.4）[279]

木卫一还在木星的上层大气上留下了磁足迹。这个足迹看起来是一个紫外线发射斑点，在木星旋转时，这个斑点在木卫一的位置下保持固定。我们知道木卫一的磁足迹比木卫一磁流管和木星相互作用的邻近区域延伸得更远[280]。此外，木卫二和木卫三的磁足迹也会发出微弱而持久的远紫外辐射。在哈勃空间望远镜的成像光谱仪拍摄的紫外图像中，人们探测到了木卫一、木卫二和木卫三的磁足迹辐射。这些足迹与各自的木星卫星相关是由于观察到足迹在木星转动时在其卫星下保持了静止。木卫三的磁足迹明显比木卫二的更亮，而木卫一的磁足迹则是最亮的[281, 282]。

磁足迹的辐射会在其下游继续维持几个小时。也就是说，磁足迹的紫外辐射看起来就像是一颗彗星，卫星下的静止足迹是彗星的头部，而其下游逐渐褪去的辐射是彗星的尾部[283]。哈兰称这些磁足迹"尾端和彗星尾部相似"，因为在木卫一经过木星上空后，带电粒子会继续激发木星大气中的粒子一段时间。当然我们知道木星的自转是很快的，而相对来说其卫星的公转是很慢的[284]。

在木卫一磁流管中有巨大的能量。1995年12月7日，"伽利略号"在进入环绕木星轨道的过程中飞过了木卫一。当它经过木卫一时，探测到了沿着木星磁场线的双向电子流。这是首次对木卫一磁流管的现场探测。带电粒子的流动相当于几百万安培的电流，并且有一万亿瓦的能量流向木星磁层。这是太阳系中最强大的直流电！这种能量令人难以置信，超出了人类的理解！这种能量在撞击木星大气层时产生了极光辐射，并在紫外光中表现为磁足迹[285]。"木卫一的下游辐射沿着其磁足迹在经度方向延伸了至少100度"，克拉克（Clarke）等人认为，这意味着在木星磁场扫过木卫一后，活跃过程还会持续几个小时。克拉克等人得出结论：这些下游辐射是由高能带电粒子产生的，这些粒子从木卫一下游的等离子体环面逐渐降落到木星大气上，这一过程在木卫一经过后的几个小时内不断发生并逐渐减弱[286]。这些足迹在木星的两极都很明显，就像之前讨论过的极光极帽一样。这些辐射的确切成因尚不完全清楚。

5.8 来自木星及其周围环境的 X 射线辐射

除了太阳，木星是太阳系中最强且最有趣的 X 射线源。钱德拉 X 射线天文台（CXO）和 XMM-Newton 天文台的观测显示，木星系统是一个丰富的 X 射线源，其结构也很复杂，似乎有四个不同的 X 射线源：（1）木星的高纬度极光带或者说是极地极光带；（2）木星圆盘；（3）木卫一的等离子体环面；（4）木星的伽利略卫星（木卫一、木卫二、木卫三和木卫四的统称）[287]。

埃尔斯纳（Elsner）等人将 X 射线的产生解释为"电子、质子、离子、中性原子以及电磁场之间的一系列相互作用导致了 X 射线的产生。其中最简单的一种是电子和质子或离子间的相互作用导致了光子的辐射。电子在作用开始前和结束后都没有被重的正离子俘获。这个过程叫作轫致辐射，它会产生宽带连续辐射谱。对足够高能的电子，其轫致辐射能谱的峰值就能处在 X 射线或者更高能的波段"[288]。

木星极光区的 X 射线辐射来自极地大气中高能离子和中性原子间的电荷交换。来自木星卫星的 X 射线可能是由于高能粒子入射到卫星表面，电离并激发了其表面的中性原子而导致的荧光 K 线发射[289]。2000 年，钱德拉 X 射线天文台对木星的高空间分辨率（小于 1 角秒）观测发现，大部分的极光 X 射线位于较小的高纬度区域内，它们在北面被限制在系统 III 的经度 160 度 ~180 度之间，以及纬度 60 度 ~70 度之间的区域。这和木星磁场高度相关，它们沿着木星磁场线延伸到 30 个木星半径以外的地方。2003 年，钱德拉 X 射线天文台对南半球的观测发现，其极光辐射在经度上的延伸比北半球更多，但仍然与磁场线紧密相关。天文学家得出结论：X 射线极光辐射区很好地处在紫外极光椭圆区内（前面讨论过）。通常极光区辐射的软 X 射线在约 0.5 到 1GW[①]之间[290]。

格拉德斯通（Gladstone）等人称这种集中的极光 X 射线区域为"脉冲极光 X 射线热斑"。通过将钱德拉 X 射线天文台的 X 射线发射图和同时期（2000 年 12 月 18 日）的哈勃望远镜的远紫外成像光谱图作比较，人们发现北面的极光 X 射线集中在高磁纬度的主紫外极光椭圆内的一个"热斑"上。格拉德斯通等人同意埃尔斯纳等人的观点，认为热斑处在北纬约 60 度~70 度及系统 III 经度约 160 度~190 度之间。观测中没有找到南纬的热斑，但这可能仅仅是因为这次观测中对南极帽的观测角度不好[291]。

天文学家还得出结论：极光区的辐射是变化的。短时的秒到分钟量级的紫外耀发被发现伴随着 X 射线耀发，而两个耀发的位置略有偏移。2000 年 12 月，钱德拉 X 射线天文台意外观测到木星北部极光区的 X 射线辐射有一个以约 40 分钟为周期的光变。令人惊讶的是，钱德拉 X 射线天文台在 2003 年 2 月的观测并没有发现这一 40 分钟的周期光变。然而钱德拉 X 射线天文台确实在 10 到 100 分钟的时间尺度上探测到了光变。2002 年 2 月，"尤利西斯号"探测器在来自木星的周期性射电暴中也观测到了 40 分钟的光变。虽然在 2003 年钱德拉 X 射线天文台观测时，"尤利西斯号"没有观测到 40 分钟周期性的射电信号，但确实探测到了和 X 射线光变时间尺度相近的射电光变[292]。天文学家还没有完全了解 X 射线辐射与其他形式辐射的关系。

---

① 1 GW=10^9 W（瓦）。

天文学家还确定了来自木星极区的明亮 X 射线是线发射而非连续谱发射，这很可能是由木星高层大气中的高能高电离重离子和中性原子间的电荷交换造成的 [293]。埃尔斯纳等人认为，钱德拉 X 射线天文台得到的木星北部地区的 X 射线光谱强有力地表明了入射离子流的主要成分之一是高电离氧。这里至少还需要有另一种主要成分才能解释线发射谱。两个最强的候选者是高电离硫和高电离碳。硫是倾向于磁层起源，而碳则倾向于太阳起源。钱德拉 X 射线天文台的数据倾向于高电离硫。然而，XMM-Newton 探测器于 2003 年 4 月获得的数据更倾向于高电离碳。天文学家们还没有得出最终的结论 [294]。

木星的行星盘似乎充满了 X 射线辐射。钱德拉 X 射线天文台数据显示，木星圆盘的 X 射线辐射似乎仅仅是对太阳 X 射线的无特征反射 [295]，或者是对太阳 X 射线的反射和荧光辐射的结合 [296]。这看起来是一个很简单的物理图像，但天文学家们还在继续研究木星圆盘 X 射线的其他可能来源。

木卫一等离子体环面也是一个 X 射线源。埃尔斯纳等人认为，1999 年 11 月和 2000 年 12 月钱德拉 X 射线天文台在木卫一等离子体环面的区域观测到了一个微弱的软 X 射线源。显然，关于木卫一等离子体环面 X 射线的空间结构和能谱的认知因为其辐射太弱而受到了限制。到目前为止，在木卫一等离子体环面 X 射线能谱中已经探测到了钠、氯、硫以及氧离子，可能还有质子 [297]。

木星的伽利略卫星上也被观测到了 X 射线辐射，其成因也引起了天文学家极大的兴趣。在 1999 年和 2000 年，钱德拉 X 射线天文台探测到了来自伽利略卫星的 X 射线辐射，特别是来自木卫一和木卫二的 X 射线辐射。木卫一的 X 射线辐射功率据估计为 2 兆瓦，而木卫二为 3 兆瓦。来自木卫四的 X 射线辐射可能也存在，但并未被钱德拉 X 射线天文台观测到，显然其辐射水平处在钱德拉 X 射线天文台的观测灵敏度以下。根据埃尔斯纳等人的说法：“来自木卫二的 X 射线辐射的最优解释是，卫星冰层表面 10 微米的原子遭到高能氢、硫以及氧离子的轰击，这些能量沉积导致了其接下来的荧光辐射。”[298]

因此，木星系统是一个丰富且多样的 X 射线源。虽然我们对木星 X 射线辐射的了解有限，但正如埃尔斯纳等人所倡导的那样[299]，也许，未来在木星轨道上进行现场探测的航天探测器最终会得到天文学家们所渴望的数据。

5.9 | 总　结

　　正如我们现在了解的一样，木星和木星系统的内容远比肉眼可见的多得多。木星的电磁环境是太阳系中最大、最复杂的结构之一。虽然现在对木星电磁环境的研究属于专业天文学家的领域，但对这种环境的了解可以让我们更全面地了解木星的情况。也许将来的某一天，业余爱好者也能进行这些观测或进行数据收集。与此相关的技术正在飞速提升，所以请继续保持关注。

第六章

木星的卫星系统

就像太阳和太阳系那样，木星也有自己的卫星系统，只是木星自身不像太阳那样发光发热。但是，木星所施加的潮汐力确实会在它的一些较大的卫星中引发一些热现象。除了四颗大型伽利略卫星外，木星还有一系列较小的规则卫星和不规则卫星。事实上，截至 2006 年 11 月 27 日，木星的已知卫星就多达 63 颗（来自斯科特·谢泼德个人通信）。木星还有一个环系统，它在 20 世纪 70 年代的航天器探测中才被发现。此外，木星还存在着被称为特洛伊小行星的一类小行星和一群木星族彗星。在这一章中我们将会看到，木星对太阳系中的引力作用有着巨大的影响。

6.1 木星的伽利略卫星

1610 年 1 月 7 日，伽利略在用望远镜观测木星时，首次发现了木星最大的四颗卫星。这四颗最大的卫星分别被命名为木卫一、木卫二、木卫三和木卫四。当然我们现在知道这些伽利略卫星本身就是非常有趣的小世界，也许用"小"来形容并不恰当，实际上木卫一、木卫三和木卫四的直径都要比我们的月球大。

早在 20 世纪 70 年代的航天器探测之前，人们就已经通过大型望远镜和细致的观测在全部伽利略卫星上发现了反照率特征，由于当时仍缺乏许多细节，观测的结果很难使人信服。随着"旅行者号"航天任务的开展，探测到了这些卫星表面的大量细节，其他各类相关数据也逐渐增多。随后的"伽利略号"航天探测器又为科学家们提供了更多细节，以及前所未有的新数据。对于业余天文爱好者来说，也不乏通过普通望远镜就能观测到的有趣现象。由于伽利略卫星都是绕着木星的赤道平面运行，地基望远镜便可以在木星前方观测到这些卫星的凌星现象，并且我们还可以在木星表面观测到这些卫星的阴影，它们在木星明亮云顶的映衬下呈现为墨黑色。我们能从这些卫星在木星阴影中消失又再现的过程中，观测到它们的交食现象。当这些卫星消失于木星的边缘处，而后又重新在其另一侧出现时，我们还能观测木星掩星的现象。每隔大约六年时间，当木星系统侧立对着地球的时候，我们还会看到这些卫星相互交食和掩食。卫星间的相互掩食为探测这些卫星间的颜色差异提供了唯一的机会。这些掩星活动的时间表都可以在各种科学网站上找到，也可以在《天空与望远镜》(*Sky and Telescope*) 和《天文》(*Astronomy*) 杂志每月发布的时间表中找到。而且，随着 CCD 相机和网络摄像机的快速发展，即使是业余爱好者，一些经验丰富的人也可以拍摄到木星卫星的图像及其详细而惊艳的反照率特征。对于一个初学者来说，观测到木星及其卫星并把该成果分享给他人，是一件充满成就感的事。而且，木星卫星相对于木星的运动在较短的时间内就可以观测到。

伽利略卫星的公转轨道都是偏心的，或者说是非圆形的。伽利略卫星之间的作用会使得卫星的轨道变形，而木星的潮汐力则会试图让它们的轨道变圆。这场拉锯战的"最大受害者"就是木卫一，因为它离木星最近。这也导致了木卫一和木卫二的潮汐加热效应 [300]。

木卫一

　　木卫一是一个相当迷人的世界！我们在第五章中已经看到，木卫一是木星环境中的一个主要污染源。由于剧烈的火山活动，木卫一会产生中性原子云，释放尘埃，并在其临近的木星卫星表面上沉积硫，还会为木卫一等离子体环提供带电粒子。实际上，"伽利略号"的探测显示，尘埃和带电粒子的浓度会随着时间发生显著的变化，这可能是木卫一火山活动强度的变化导致的[301]。多么忙碌的一颗卫星啊！木卫一展示了太阳系中最有趣的火山活动[302]！在第一次近距离观察木卫一时，天文学家们发现其表面没有撞击坑，这使得他们大为震惊！我们现在知道，这是由于木卫一上剧烈的地质活动会使得其表面被定期重新塑造。在"伽利略号"探测期间，人们收集了很多新数据，科学家们对这些数据进行了深入研究以进一步加深我们对木卫一的了解。"伽利略号"于1989年10月发射升空，并在2003年9月坠入木星，结束了自己的任务。

　　木卫一的直径是3642.6千米[303]，并且它离木星很近，公转一圈只需要1.769天[304]！它的平均密度是3.5294±0.0013克/立方厘米[305]。木星的潮汐力作用在木卫一上，熔化了木卫一的内部，驱动着火山活动，使木卫一表面覆盖上硫，并呈现各种美丽的颜色；它还使得木卫一的火山喷出一种由硫和钠组成的短暂大气，这些物质随后就进入到木卫一等离子体环的云中[306]。由于邻近木星而受到强大的潮汐力作用，木卫一是一个遭受重创的世界。木卫一的表面布满了火山喷口、岩浆湖和羽流。地球上的火山通常伴随着由喷出的火山碎屑形成的云，而木卫一上的火山则更像是黄石公园的老忠泉等间歇泉一样，它们的喷发集中而强大。这些间歇泉被称为木卫一上的羽流，它们并不像字面意义上那么温柔。

然而，火山喷发并不是木卫一上唯一的事件。"伽利略号"在五年的时间内记录到了木卫一不同过程的 82 次地表变化[307]。木卫一距离木星很近，以至于木星在其两端的引力差就足以扭曲这个星球的形状。它面朝木星的这个半球形成了一个 100 米高的凸起[308]。木卫一的大气层十分稀薄，主要由二氧化硫组成。在正午时分或有火山羽流的情况下，木卫一的气压可以达到 10^{-7} 巴，而夜晚时分大气则会被完全冻住。木卫一的表面温度在正午时分为 120~130 开尔文，而在午夜时分为 60~90 开尔文[309]。

木卫一上的羽流十分迷人。"伽利略号"探测器在其任务期间探测到了两种类型的羽流，羽流是根据它的大小和其沉积物的颜色进行分类的。盖斯勒（Geissler）等人认为，较小的羽流会产生半径为 150~200 千米的圆环，并呈现黄色或白色。有证据表明，这种羽流是木卫一上数量最多的一类，它们周围通常覆盖着由细粒状二氧化硫组成的霜。木卫一的地表重塑很可能就是由这些重复喷发的小羽流主导的。而较大的羽流数量则要少得多，它们通常会产生直径为 500~550 千米的椭圆环，这些椭圆环是富硫的并呈现为橙色或红色。大多数尘埃喷射可能就是这些大羽流造成的。这两种类型的羽流都可能单独出现，也可能在一段时间内持续出现[310]。理论上，这两种羽流是由不同的挥发物驱动的，其中小羽流是由二氧化硫的爆炸性挥发驱动的。小羽流中含有硅酸盐灰和（或）硫化物，会导致其沉积物变色。大羽流中可能含有大量的硫，其大量的红色或橙色沉积物证明了这一点[311]。根据哈兰的说法，苏珊·基弗（Susan Kieffer）的综合分析和模型表明，在木卫一几千米深处的二氧化硫会被与其直接接触的硅酸盐熔岩加热到 1400 开尔文。这些二氧化硫一旦在压力下开始沸腾，就会迫使地壳中已存在的裂缝打开，并在到达地表时发生爆炸性的喷发[312]。

"伽利略号"探测到了四次爆炸性的火山喷发[313]。一些大羽流确实非常壮观。2000 年底，"伽利略号"在特瓦史塔（Tvashtar）火山上空看到了羽流，约有 400 千米高[314]！之后"伽利略号"探测到了一个更大的羽流，约有 500 千米高，出现在一个暂称为托尔（Thor）的地方。这些羽流能达到如此的高度，很显然得益于它们的高喷发强度和木卫一较低的表面重力。"伽利略号"实际上可能飞越了托尔处的羽流，它的等离子体子系统在它飞越时探测到了二氧化硫[315]。因为这些羽流很高，所以它们在木卫一表面的影响范围也很大。在"伽利略号"探测任务的末期，它在家令（Karei）区域的南边发现了一个巨大的羽流沉积环。该沉积环的内半径为 415 千米，外半径平均为 690 千米，它的覆盖面积达到了惊人的 93.3 万平方千米[316]！

正如上文提到的那样，羽流是会连续出现的。"旅行者 1 号"和"旅行者 2 号"都探测到过显著的羽流，它们来自产灵火山（Masubi）。自"旅行者号"的探测之后，人们又在"伽利略号"的探测中看到了明显的表面变化。"伽利略号"探测到了两次明显的喷发，在产灵火山周围产生了显著的环。第一次羽流喷发生在第 9 轨和第 10 轨之间，这次喷发留下了一个显著的暗环。但是在接下来的第 11 轨的观测中，这个环就已经开始消退了。八个月后，在第 15 轨的观测中，该环已经完全消失。因此，这种源自沉降物的环的寿命可能非常短[317]。

木卫一上最多的羽流来自普罗米修斯火山（Prometheus）。"旅行者 1 号"和"旅行者 2 号"都探测到了一直非常活跃的羽流，"伽利略号"在每次有较好探测机会的交会中也都探测到了它。根据盖斯勒等人的说法，普罗米修斯火山会产生一个50~150千米高的尘埃羽流，该羽流沉积出一个直径约250千米的明亮的二氧化硫环，以及在亮环内外两侧的较暗的环。自与"旅行者号"交会以来，亮环的中心已经向西移动了85千米。羽流显然来自从裂缝流出的熔岩流的远端，并且自"旅行者号"探测以来，这些熔岩流的长度有所增加。羽流要么随着熔岩流移动，要么沿着熔岩流在不同的地方形成另一个羽流。我们认识到，这种活动不仅会连续发生，它还能够四处移动，进一步为木卫一表面带来变化[318]。

另一个连续的羽流与佩莱（Pele）相关，它由"旅行者1号"首次探测到。佩莱是木卫一最独特的羽流之一，这是由于其持续的高温热辐射、庞大的羽流和巨大的红环羽流。哈勃太空望远镜于1996年、1997年和1998年在这里探测到了羽流。"卡西尼号"在前往土星的途中经过木星时也探测到了佩莱上方的羽流[319]。因为佩莱的庞大和其活跃程度，它在所有由羽流活动造成的表面重塑中占了40%以上。虽然木卫一的某些区域表面就像佩莱周围这样在不断被重塑，但其大部分区域在"伽利略号"探测期间仍然是保持不变的。在"伽利略号"探测期间，大约有83%的木卫一的可见表面从未发生过变化[320]。

虽然证据表明羽流通常会喷出二氧化硫和硫，但也有证据表明还存在硅酸盐沉积物。事实上，"伽利略号"通过红、绿和紫光滤光片拍摄的图像探测到了二氧化硫、硫以及硅酸盐的沉积物[321]。1997年7月，"伽利略号"发现了一个从皮兰火山口（Pillan Patera）升起的高达200千米的羽流，而后在皮兰周围观测到了灰色的羽流沉积物。这表明羽流喷出的物质主要是硅酸盐，而不仅仅是硫[322]。部分羽流沉积物的形状是不规则的，而其他诸如产自普罗米修斯火山的羽流则会产生轮廓分明的环[323]。

尽管巨大的羽流对木卫一表面的重塑作用不大，但科学家们认为，考虑到尘埃的高速喷射，这些羽流对尘埃从木卫一逃逸至木星环境应该起到了重大的作用；并且，尽管羽流非常脆弱，它们还是能轻易地为逃逸木卫一的尘埃流补充足够的质量。这些羽流将卫星表面的地质活动与进入太空的物质流联系起来。羽流直接将尘埃和气体喷出，帮助维持被带电粒子撞击侵蚀的稀薄大气[324]。以较小二氧化硫为主的羽流的反复喷发确实会对木卫一表面重塑率造成较大的影响[325]。大多数喷发沉积的物质可到达的距离在 50~350 千米，极少一类的巨型喷发沉积的物质可远至 350~800 千米。

"伽利略号"的数据让科学家们最终得出结论：存在着两种不同类型的羽流。小型的羽流会产生半径通常为 150~200 千米的白色或黄色的近圆形的环，这些环可能含有硅酸盐，且它们周围常常覆着细粒的二氧化硫霜。"伽利略号"探测到的大型羽流要少得多，这种羽流会产生橙色或红色的富硫椭圆环，其南北向半径最大，通常半径范围在 500~550 千米[326]。

虽然羽流可能是木卫一上最令人着迷的现象，但木卫一的表面变化也可能由其他现象造成。"旅行者号"和"伽利略号"的数据记录了许多小规模的变化。"伽利略号"探测到了许多变亮或变暗的火山口。有一种假设认为，这些变化是由热活动引起的，火山口表面被加热从而升华了现有的二氧化硫（一种明亮物质）。另一种假设认为，热活动加热了火山口周围的二氧化硫，导致其液化后流到火山口表面，将表面淹没并使之变得明亮。还有一种假设认为，暴涨的熔岩因被加热而从内部流出，流出的新物质使得火山口表面变暗[327]。阿米拉尼（Amirani）火山的高分辨率图像显示，在 134 天的时间间隔内，新的熔岩覆盖了一片约 620 平方千米的区域。熔岩很明显是从横跨熔岩流的 23 个不同的地点喷发的。在普罗米修斯火山及其他许多地方都发现了熔岩流。科学家们认为"伽利略号"的数据揭示了熔岩湖的倾覆，暴涨的新熔岩喷发到已经被熔岩覆盖的表面上就是证据。到此，我们知道了三类主要的表面变化：火山羽流沉积，火山口颜色或反射率变化，以及二氧化硫渗漏[328]。

即便是在同一个地点，喷发的方式也可能多种多样。在"伽利略号"探测任务期间，伊什塔尔坑链（Ishtar Catena）显示出了许多喷发形式，其中包括熔岩喷泉帘、延展的表面流，以及一个约 400 千米高的羽流。这些事件都发生在一个相对较短的时间段内（约 13 个月）[329]。

在"旅行者号"任务之后，人们认为大部分火山流是由硫流造成的。然而，随着"伽利略号"任务的开展，科学家们开始认识到火山流的温度非常之高，以至于它们必须以硅酸盐为基础。因为硫会在 700 开尔文左右蒸发，大多数观测到的火山流对于硫来说都太热了。"伽利略号"测得普罗米修斯火山处的一个熔岩流温度有 1100 开尔文，其必然是富含硅酸盐的[330]。另一方面，厄马空火山口（Emakong Patera）周围环绕着以黄白色闻名的熔岩流。人们认为这种熔岩流是中等温度的含硫熔岩，而非很热的硅酸盐熔岩。因此，目前依然有硫流存在的证据，但硅酸盐目前似乎更为突出[331]。"伽利略号"任务的一项重大成果就是发现木卫一的火山口应该就是长期存在的熔岩湖[332]。

在"伽利略号"探测期间，在木卫一上的几个地点发现了偶发变亮事件，原因是在这几处发生了二氧化硫渗漏。这些地点包括海玛斯山（Haemus Montes）、扎尔山（Zal Montes）、多利安山（Dorian Montez）以及皮兰火山口北部的高原。这些地区的地形明显，都与活火山中心相邻[333]。在"旅行者2号"的探测和"伽利略号"第一次环绕木星探测之间，海玛斯山附近的一个明亮光晕显著变亮。这可能是由于地块底部二氧化硫的渗漏[334]。

木卫一上还有许多小规模的颜色或反照率变化。这些变化只发生在火山口表面，比如在吉什巴尔（Gish Bar）、伊察姆纳（Itzamna）、卡马斯特里（Camaxtli）、神鸣（Kaminari）、赖登（Reiden）、皮兰、达日博格（Dazhbog）和天照（Amaterasu）等火山口，这些大多是可辨识的热斑地区。在某些情况下，这些火山口会发生大型喷发，从而改变周围几百千米的地貌[335]！通常来说，木卫一上的火山在喷发之前，都会通过火山口变暗的现象来预示即将到来的喷发。火山口变暗、变亮以及变色等现象在木卫一的火山上是十分常见的。这些现象可能意味着火山口内会出现瞬时加热[336]。

和地球一样，木卫一上的岩浆流也意味着极端的高温。羽流活动和极端高温之间可能也存在着相关性。据记录，木卫一上有四次温度超过1400开尔文的喷发，分别发生在皮兰火山、产灵火山、佩莱火山和苏尔特火山（Surt）。当然，木卫一上很可能还存在许多没被"伽利略号"和其他观测手段探测到的高温喷发。科学家们认为，如此高的温度意味着熔岩喷泉的存在。这些喷泉是由挥发物驱动的。同时，在木卫一稀薄的大气中，这些挥发物也产生了巨大的羽流[337]。"伽利略号"在特瓦史塔火山附近观测到了一次壮观的火山喷发。这次喷发发生在一个约25千米长的裂缝上，并产生了一个高达一千米的熔岩喷泉！美国国家航空航天局的红外望远镜和凯克天文台的AO系统也观测到了这次喷发。这些地面观测帮助确定了喷发持续时间（约 36 小时）和熔岩喷泉温度（1300~1900 开尔文）[338]。

"伽利略号"任务期间一个最令人惊讶的发现可能在于，只有少数的火山中心对它们的周边造成了明显的改变。在 100 多座活火山和 450 座潜在活跃且年轻的火山口中，只有 28 座的地表产生过尺度在十几千米以上的变化。"伽利略号"探测到的高温热活动中只有极少数伴随着羽流活动，即便是洛基火山（Loki）的强烈喷发也没有在周遭地形上留下明显的痕迹[339]。

崩坏作用在木卫一上经常发生。滑塌和滑坡会在相近的地方发生，因此在几千米的距离上，物质的性质就会有显著的改变。然而，虽然有大量证据表明山旁边的火山口地块发生过崩坏作用，但其表面却相对缺少碎片。由此看来，火山的地表重塑占了主导[340]。显然木卫一的火山活动十分活跃，它以每年约一厘米的速度重塑地表[341, 342]。事实上，就光度和地表重塑速度而言，木卫一是已知的最活跃的行星体，它甚至比地球还要活跃[343]！

木卫一的火山活动并不倾向于形成山或穹丘，实际上，木卫一上的山或山脉很少。我们在地球上能看到与板块构造有关的造山活动，在木卫一上却没看到。不过，木卫一上确实有山，其中一个就是约 10 千米高的海玛斯山，它被一圈明亮的二氧化硫光晕包围着[344]。海玛斯山的山底看上去绵延了 200 千米[345]。

木卫一的山都是孤立的，并没有形成山脉，因此，它们看起来不像在地球上那样是大规模板块运动的结果。木卫一的山很有趣，它们都是直接从平原上拔地而起，没有山麓丘陵。硫并没有足够的强度来形成山峰，所以这些山的起源仍是个谜[346]。"伽利略号"的探测图像显示，一些山会在它们的自重下发生崩塌，因此，这些山一定是在相对较近的时期形成的[347]。

保罗·申克（Paul Schenk）和马克·布尔默（Mark Bulmer）利用"旅行者号"在 1979 年拍摄的立体图像，推测木卫一上像优卑亚（Euboea Mons）这样的山是地壳断裂并隆起而形成的独立物质块 [348]。这些山可能是近期隆起的地块，也就是说它们不一定是古老的。山的底部似乎是坚硬的硅酸盐石块。这些石块可能是被推上来然后倾斜的。棱角分明的山看起来比圆滑的山更年轻。木卫一上的山和火山口之间可能存在某种构造上的关系。这些山的确切年龄仍是未知的 [349]。

"伽利略号"拍摄的高分辨率图像还揭示了一些在平坦地形上出现的山脊，这些山脊的存在是无法解释的。一些山脊的形成可归因于松散物质的下坡运动，但这不能解释在相对平坦的平原上为什么会有山脊。这些山脊类似于地球和火星上的沙丘。地球和火星都具有足够密度的大气使物质颗粒移动，从而形成沙丘，但木卫一上的大气压力太低，无法做到这一点，木卫一上的风并不能使物质颗粒移动而形成沙丘 [350]。

这些山脊，或者说类沙丘的地貌，在木卫一上是很常见的，在"伽利略号"28% 的高分辨率图像中都能找到它们。山脊多的区域挥发物也比较丰富，这些挥发物主要以二氧化硫为主。因此，人们推测挥发物覆盖层的存在是形成山脊的必要条件 [351]。木卫一缺乏足够密度的大气，所以科学家们认为这些山脊的形成与木星对木卫一的潮汐加热作用有关，并且山脊的形成还要求其表面存在大量挥发性强的沉积物 [352]。

之前的木卫一模型是支持"木卫一内部有一个巨大的金属核，这个金属核可以产生磁场"这一假说的 [353]。随着"伽利略号"飞掠木卫一，可以确定木卫一的转动惯量，从而使木卫一的内部模型更加完善。这次测量显示其转动惯量较低，这说明木卫一内部具有两层结构，其中心有一个主要由铁和铁硫化物构成的金属核，金属核外面包裹着部分熔融的硅酸盐地幔，地幔上面是火山活动丰富的地壳或岩石圈。"伽利略号"的探测数据表明金属核的半径是木卫一半径的 36%~52%[354]。木卫一非常炎热，导致其硅酸盐岩石圈非常薄，其岩浆总是非常接近地表 [355]。

木卫二

木卫二是距离木星第二近的伽利略卫星，其轨道周期为 3.551 天 [356]，直径为 3130 千米，平均密度为 2.989 ± 0.046 克 / 立方厘米，是所有伽利略卫星中最小的 [357]。木卫二吸引人的原因有很多，其中最重要的是它的表面下可能有一个液体海洋，并且科学家们认为海洋中可能栖息着某种形式的生命！

木卫二的表面温度为 120~131 开尔文 [358]，其大气十分稀薄。木卫二表面上的物质是随着时间推移，发生辐射转移、冰火山作用、撞击和表土混合的产物。已有证据显示冰的化学变化会在一些结冰的表面区域产生冷凝的过氧化氢。在木卫二上还发现了一个主要由氢原子和氢分子以及一些来自表层冰辐射过程的氧原子和氧分子组成的大气层 [359]。早在 1994 年，哈勃太空望远镜就探测到了来自木卫二的氧发射 [360]。"卡西尼号"的紫外成像光谱仪（Ultraviolet Imaging Spectrograph, UVIS）显示，木卫二除了束缚氧分子的大气外，还存在延伸的氧分子大气。紫外成像光谱仪的观测还表明木卫二存在氢原子，而且可能还存在其他元素。木卫二的水冰表面受到了带电粒子的轰击，由于"溅射"和较小程度的升华使得表面被侵蚀。"溅射"会产生氢和氧，氢流失到太空中而氧则留下，从而形成了稀薄的、以束缚氧为主的大气以及逃逸的氢[361]。木卫二还与一个高能中性原子环有关[362]。

木卫二的表面如"台球"一般光滑。它的地形起伏极小，表面的竖直方向范围仅限于几百米。木卫二表面被冰覆盖，虽然相对平坦光滑，但也存在反射率、颜色和纹理的差异[363]。一些人认为木卫二表面的冰层是盐卤水的混合物[364]。

低分辨率图像显示，木卫二表面可以分为两种主要的地形类型——山脊平原和斑驳地带。"伽利略号"的高分辨率图像显示，斑驳地带主要由混沌区域组成。关于这些特征的形成机制存在争议，但普遍认为是下层冰壳中的对流使得表面变形，从而产生了混沌区域、凹坑和穹丘[365]。

菲格雷多（Figueredo）和格里利（Greeley）实际上确定了木卫二上五种主要的地形类型：平原、带状区域、山脊、混沌区域，以及撞击坑。这些地形被认为是地壳构造破裂、线性构造建立、冰火山的表面单元被可能的次表面物质替代，以及撞击成坑的结果[366]。宫本（Miyamoto）等人又描绘了穹丘、台地、不规则隆起和瓦解的微混沌区域等其他表面特征。其中一些特征呈现出100~200米高或更高的正海拔，并且具有与周围地形无关的表面纹理。这些特征看起来已经模糊并以黏性流的形式散布在原有的表面上，也就是表面上就像是有过流动的冰或软冰一样。这些特征很少受到山脊等地壳构造的破坏，因此它们一定是木卫二表面最年轻的特征之一[367]。

平原有四种类型："未分化平原"非常平坦，与相邻地区坡度缓和且被众多线性特征切割；"明亮平原"位于高纬度地区，并与各种线性特征相交错；"暗平原"类似于明亮平原，但更暗；"断裂平原"看起来像是破碎的，带有弯曲的灰色条纹和许多棕色斑点[368]。

首次看到木卫二时，其上的各种线性特征就非常明显。"三重带"包含了一条明亮的条纹，该条纹可能是一个山脊，沿着一条暗带向下延伸。它们绵延了数千千米，但几乎都不超过15千米宽。它们通常都起始或结束于暗色圆斑或褐色斑驳地带附近。这可能是由卫星轨道偏心率引起的应力所导致的。我们看到的"暗色楔形"长达300千米，其开口端可能有25千米宽。由于它们横穿了一些较老的特征，看上去就像是表面冰破碎、分裂和扩散，随后间隙又被再次冻结的软冰重新填充的结果 [369]。

山脊是目前木卫二上最常见的线性特征，其中有一个双山脊特征由一对山脊围着中央槽地组成。在某些情况下，双山脊会逐渐锥化，之后变为单山脊、槽地或裂缝。单山脊通常要比其对应的双山脊更小，并会形成相对较短的节段 [370]。有一些线性特征和山脊显示出被充填或淹过的痕迹，特别是被喷发至表面的流体淹没了原先存在的山脊和凹槽。这是伽利略卫星上存在冰流的第一个证据 [371]。另一个令人兴奋的发现则是被科学家们称为"冰山"的特征。"伽利略号"揭示了木卫二的一些表面已经破裂成了多边形的"冰筏"，其个体宽度有3~6千米。这些特征周围的混沌区域被染成了褐色，表明其中存在内源性矿物质。科学家罗恩·格里利认为，这些冰块"与地球极地海域在春季融化期间看到的冰块相似"。保罗·盖斯勒认为，冰筏的运动无法用冰中的对流来解释，只有流体介质才能解释这种旋转和倾斜。迈克尔·卡尔（Michael Carr）认为，冰筏显然已经被流体介质中的一股强流卷入，而这几乎可以肯定是水。因为它们一直在漂浮，所以它们是真正的冰山，并且它们的大部分体积都可能在水面以下，就如同在地球上那样。因此，我们看到了存在某种液态海洋的有力证据。卡尔认为，冰山为证明木卫二在过去某段时间表面曾存在液态水提供了证据 [372]。

带状特征通常是直线、曲线或摆线状的，它们具有尖锐的平行或近平行边缘。平坦的带内部由非常平缓的山脊和槽地，或是很少甚至没有特殊结构的地形构造组成。通常形成带状特征的物质的反射率相对要比周围平原的低。平坦的带状特征被认为是地壳延伸区域，其低地势和内部结构的缺乏可能是由小规模的破裂或物质填充造成的 [373]。

摆线是扇形的链，它们在尖端呈弧状相连，在结冰的平原上绵延了数百千米。显然，封闭海洋的全日潮会对薄冰壳底部产生压力，这就导致了尖角形状的产生。这也使得木卫二的冰壳弯曲，木星的巨大引力会使得冰在绕轨道运行的过程中周期性地膨胀。一旦潮汐力超过了冰的抗张强度，冰就会开始破裂，裂痕沿着弯曲的路径在不断变化的应力场中相对缓慢地扩展。一旦应力消退，破裂就会中止，而后当应力再次增加时，开裂又会继续，但是会沿着一条新的曲线进行，以此类推。这种潮汐循环大约每 85 小时发生一次。由于连续的曲线裂痕有共同的尖端，这便造就了独特的扇形外观。这些摆线的形成只有在潮汐隆起能够在内部自由滑动时才会发生，这意味着存在一个深海将薄冰壳与下面的硅酸盐岩石圈隔开。没有明显的证据表明这些摆线仍在形成，但没有新摆线形成并不意味着不再有液态海洋。它或许只能说明冰壳终于变得足够厚，以至于应力无法克服其抗张强度来使其破裂并产生摆线。但是部分科学家认为，如果液态海洋仍然存在，我们应该能够看到洋流活动。显然，如果能观测到正处于形成过程中的新摆线，就能为海洋潮汐仍然活跃提供证据 [374]。根据李（Lee）等人的说法，摆线形裂纹可能是木卫二地表特征中最重要的一个，它证明了地下液态海洋的存在，因为产生摆线的潮汐应力只有在海洋存在的情况下才得以接近冰的破裂强度[375]。

混沌这一特征可以描述为形成不规则区域的物质，这些不规则区域包含了原先存在的块状或多边形地壳物质，以及处于与周围平原相同或更低水平的其他中间物质[376]。混沌区域似乎可以最简单地用融化过程来解释。一个比较自然的解释是，混沌区域代表了深处温暖的海水与上覆冰接触的区域。一般来说，更常见的部分融化过程也有可能使得表面冰被破坏并形成混沌[377]。格林伯格（Greenberg）等人认为，木卫二18%的表面是新出现的混沌，而另外4%的表面则看起来是被轻微改变过的混沌。还有更多的古老混沌地形被地质构造结构所覆盖。这种混沌表明，极薄的冰壳下方存在的液态水主导了木卫二的地质构造。混沌区域在木卫二上分布广泛，并且表明了曾经存在过零壳层厚度[378]。就像撞击坑那样，混沌区域可能至少在地表的整个地质时代中不断形成，只留下了可辨认的时间上距我们最近的混沌。在这一长期的过程中，混沌也有可能曾与山脊同时形成[379]。

在冰冻的卫星表面正常温度下，液相或气相的水或其他挥发物会冻结成固体，这些物质的喷发就形成了冰火山。冰火山已经通过对地壳冰的破坏、移动和改造，重新塑造了木卫二表面的广大地区[380]。

木卫二的表面有撞击坑，但是数量极少。缺少大型撞击坑表明这里的地表地质非常年轻，可能是由前文提到的大面积的表面重塑所致[381]。撞击坑似乎分成两类，其中一种类型被称为"变余结构"，直径100千米，有着同心裂隙且表面地势低，就像撞击后来被填充了一样。这种"填充"留下了一个非常浅的撞击坑，或者说几乎看不到坑。第二种类型由大约十几个直径在25千米左右的撞击坑组成。撞击发生时冰层可能还很薄。其中一个特别的撞击坑——普维斯撞击坑（Pwyll Crater）——显示出异常明亮的喷射状辐射纹，这些明亮的辐射纹是新鲜的细小水冰粒子，因被喷射而形成了数千千米的条纹。

明亮的辐射纹表明这是一个非常年轻的撞击坑。总体上缺少撞击坑就表明了木卫二的地表相对年轻[382]。摩尔等人认为，木卫二上的撞击坑与其他固体表面星球上类似大小的撞击坑相比，似乎异常浅，这可能是由于撞击后地壳的均衡调节[383]。因此，如果木卫二上存在地下液态水层，则覆盖在其上的冰必须足够厚，才能保证约 3~6 千米深的撞击坑不会完全穿透[384]。鲁伊斯（Ruiz）认为，对最大撞击结构的大小和深度的分析表明了这些特征是在一个至少约 19~25 千米厚的冰壳中形成的[385]。即便是最大的撞击特征泰尔（Tyre），也只能从大约不到 4 千米深的地方将物质输送到地表；并且普维斯和马纳南（Manannan）都只能从大约不到 2 千米深的地方输送物质[386]。许多撞击坑底部与连续喷溅覆盖物之上的周围地形的高度大致相当，而并非因撞击凹陷而低于周围地形。西利克斯（Cilix）和马纳南撞击坑也是如此，并且这可能是由撞击后流体填充或地壳均衡调节造成的[387]。木卫二的较大的撞击坑——西利克斯、梅芙（Maeve）和普维斯看起来都具有中央峰或中央峰复合体。西利克斯有一个细长的中央峰复合体，周围环绕着平坦的撞击坑底部、阶梯状斜坡、圆形边缘和红棕色的连续喷射覆盖物。中央峰复合体由两个突出的山丘组成，两个山丘都位于撞击坑底部的中心，并呈现出 300 米左右的地势。撞击坑底部看上去仅有几十米的地势高度，并点缀着数个亚公里①的红褐色斑块[388]。与月球和火星不同的是，木卫二

---

① 表示尺度低于 1 千米。

最大撞击坑的中央峰远远高于周围的撞击坑边缘。拿普维斯撞击坑来说，中央峰要比撞击坑底部高出约 800 米，比平均边缘高度高出约 300 米。相比之下，月球和火星上的中央峰很少有高出边缘的 [389]。舒梅克（Shoemaker）估算了木卫二撞击坑保留的年龄，得出小于 10 千米的撞击坑的年龄有 3000 万年，并且发现撞击坑记录与一块覆盖在液态海洋上的 10 千米厚的冰壳一致 [390]。大约有 150 个直径不到 1 千米的撞击坑，它们没有显示出因地壳构造活动而退化的证据，这再次表明了木卫二上的地质活动不断减少，而撞击坑是最后发生的地质活动之一 [391]。

撞击冰产生的效果与撞击硅酸盐固体不完全相同，因此，木卫二上的大多数撞击坑都与月球上的不同。同样，撞击固体冰产生的效果也与撞击低黏度材料的效果不同。对撞击的模拟表明，木卫二的特征——卡拉尼什（Callinish）和泰尔并不是因撞击固体冰而产生的，而可能是通过撞击覆盖在低黏度材料上的冰层产生的，这种冰层的厚度有 10 千米 [392]。泰尔被认为是一个相对较新的撞击坑 [393]。

了解木卫二表面重塑活动发生的顺序非常重要。地壳构造叠加出了错综复杂的线性构造，填充了板块间的间隙以拓开宽带，还形成了沿冰上突出的裂缝山脊和山脊复合体。人们认为，地壳构造重塑通过以上方式在背景平原的早期形成中起到了主导作用。由于缺乏被线性构造叠印的撞击坑，地壳构造重塑被认为在脊状平原形成后迅速减少。后来，冰火山重塑地表随着时间推移占了越来越大的比重。地表重塑从地壳构造主导转变为冰火山主导可能归因于木卫二冰冻圈的逐渐增厚。由于潮汐和内生过程，易碎的冰壳演变成更厚的冰壳，使得地下物质的破裂或融化减少；随着冰壳变厚，开裂和板块位移都开始减少 [394]。

木卫二的表面重塑并不是离散事件，而更有可能是一个连续的过程（或阶段）。第一阶段涉及了背景平原的形成和变形，这是一个复杂的过程。地壳构造在这个阶段占主导地位，作用要远超冰火山和撞击坑。第二阶段早期可能完全以地壳构造重塑表面为主导。地壳构造过程也主导了第二阶段的晚期，此时形成了数组方向十分一致的线性构造。在第三阶段中，表面重塑主要是冰火山活动，也涉及了混沌和平缓的凹陷平原的产生。木卫二后半球地表重塑的第四阶段涉及最后几组线性构造和中南纬度一些混沌的冰火山的形成。线性构造包含了山脊和山脊复合体。在后半球，最后的阶段包含了拓开线性和略带尖角的区域裂缝，以及撞击坑和相关喷射沉积物的形成。在前半球，最后的阶段则涉及尖状平滑带和高纬度双山脊的形成 [395]。

　　虽然表面重塑过程从地壳构造主导转变为冰火山主导，但这种转变似乎是循序渐进的，这两种作用在大多时候是共存的，只是各自的程度有所不同 [396]。卡格尔（Kargel）等人认为，所有这些特征、它们之间的关系，以及它们的年龄表明，木卫二的地壳表面在最近的地质历史中已经被完全重塑过了 [397]。

　　原先的模型支持这样的假设——木卫二拥有一个巨大的金属核心，其中可能会产生磁场 [398]。如果这个核心为铁（Fe），则木卫二的核半径估计有 426~510 千米；如果这个核心由铁–硫化亚铁（Fe-FeS）组成，则核半径估计有 610~706 千米 [399]。因此，核的大小在木卫二半径的 10%~45% 之间，且最多为木卫二质量的 15%[400]。

　　根据"伽利略号"的数据，模型表明木卫二有一个富含铁的金属核，它位于一层脱水硅酸盐岩石地幔和一个约 120~140 千米厚的冰液壳①之下。水冰壳的厚度并不确定，范围可能不少于100~200千米。这个水冰壳的质量大约占木卫二总质量的10%。木卫二的弱磁场也许可以用金属核的存在，或是含有一些电解质的液态水海洋（位于一层薄的固体壳下），抑或是前两种原因的结合来解释[401]。有间接的地质学和地球物理学证据表明木卫二可能拥有地下含盐液态水海洋[402]。"旅行者号"的图像、"伽利略号"的图像和红外光谱显示出木卫二的表面覆盖着水冰[403]。有地质学证据表明，由于存在地下水海洋，或至少是软冰层，水冰壳与木卫二的深层内部是分离的。关于地下海洋最有说服力的论据来自对"伽利略号"磁力计数据的分析，该数据表明须存在一个位于浅层的电导层，当木卫二穿过木星的磁层时，能够感应出磁场[404]。观测到的磁场波动与那些作为导体发出响应的卫星所预期的磁场扰动大致相同。这种响应需要有遍布全球的靠近木卫二表面的高导电性介质存在。这个结果被认为是含盐地下海洋存在这一说法的支撑。一个具有地球典型海洋盐度且厚度为几千米的地下海洋可以轻易地产生所观测到的电磁感应。这些观测的最惊人之处大概就在于，磁力证据表明了木卫二上目前存在海洋，而不仅仅是在最近的过去[405]！

舒梅克及其他人估计了冰壳本身的厚度大约为10千米。尼莫（Nimmo）等人认为，大型撞击坑支撑中央峰的能力，以及与木卫三和木卫四上的撞击坑相比非同寻常的形态转变，都表明了这层壳的厚度大于5千米，并且可能有20千米厚[406]。虽然关于冰的厚度仍然存在争议，但很明显它已经被大规模地从下方破坏[407]。

---

① 指冰水混合物形成的壳层。

"伽利略号"磁力计团队所发现的木卫二上具有特定性质的感应磁场表明，大部分水层是约 100 千米深的含盐液体海洋。如果海洋缺乏足够的溶质，或者如果它薄于十几千米，又或者它完全冻结了，它就不能够导电以解释观测到的磁信号。因此这是一个强有力的证明地下海洋存在的证据[408]。水层（冰壳和水海洋）可能由三个子层组成：一个外部的易碎或弹性冰层，一个下方的潜在对流冰的可延展层，以及一个更低的液体层。密度在较低的层中会更大，尽管在整个过程中会出现一些低密度区域（含盐冰/水或温度驱动的密度异常）[409]。

　　梅洛许（Melosh）等人认为，木卫二的大部分海洋处于最大密度的温度，且剧烈对流的海洋与底部冰壳被一个薄"平流层"分隔开，这个"平流层"由处于冰点的稳定分层的水构成，因此海洋是漂浮着的。木卫二的总体密度说明了它主要由硅酸盐而非冰组成，因此它含有放射性发热元素。这就足以通过剧烈的热对流来保持冰壳下的水处于被搅动的状态[410]。

　　许多人猜测木卫二的海洋可能孕育着生命，或者至少有着生命起源的条件。卡格尔等人认为，正如地球上的生命需要液态水、化学失衡和元素构成元件一样，我们会发现木卫二也满足这些相同的条件，并且可能自木卫二起源以来就一直或零星存在。对墨西哥湾无光化学合成群落的气体水合物的分子和同位素研究表明，细菌可以直接氧化甲烷水合物。气体水合物分解产生的碳氢化合物似乎在沉积物中驱动着复杂的生物地球化学过程，这些沉积物就位于帮助进行复杂的化学合成的气体水合物喷出物的周围。诸如甲烷生成、硫还原和氧化铁还原等的代谢过程也被认为可能在木卫二上发生。化能自养的有机物排泄出的副产物和腐烂物质可以作为木卫二生态系统的基础，为更高营养级的异养生命形式提供碳和能源。在这种情况下，光合作用并不是必要的。根据一些地质学的解释，木卫二上实际上可能存在足够的化学能来推动生物量的发展。计算表明，这里还可能有足够的有机碳来维持一个密集、发达的生态系统。即便是在有机碳内源缺失的情况下（虽然不太可能），撞击也可以产生有机物，包括氨基酸。虽然温度肯定会影响海洋中生命的发展，但海洋确切的温度可能要取决于压力和溶质；并且在任意给定位置，局部温度可能会比在深海热泉附近的要高。因此，木卫二海洋中的情况可能与地球类似。在木卫二与地球环境物理化学性质相似的地方，从地球上的例子可以看出，在木卫二预期的极端条件范围下，生命可以孕育和成长。当然，木卫二上的温度也有可能比地球的温度低得多，压力也高得多，但是只要有液态水可以使生物生长，就并不能确定这些条件会阻碍生命的发展。在地球上，高盐、酸性、碱性和富金属的环境都孕育着顽强的微生物群落。因此，只要有新鲜的液态水或盐水，生物就能在各种条件下生存和繁衍。同样，海冰或岩石圈中被盐水填充的裂隙为微生物提供了适宜的栖息地。因为在地球上，只要有液体存在，生命就能生存和成长，哪怕是在极度寒冷的环境中，所以只要液体水被溶质稳定，即使是更冷的条件也能允许生物生长。如果满足这个条件，更极端的环境中也可以有生命存在。地球上微生物的适应策略表明，只要环境中含有液态水，它们就可以克服几乎所有的生理压力。因此，这类环境有可能为木卫二冰层和岩石内部的生命提供希望[411]。

利普斯（Lipps）和里博尔特（Rieboldt）似乎认同卡格尔等人的观点，他们断言因为有含盐海洋、能源和营养物供应，木卫二可能孕育着生命；并且他们指出，木卫二的海洋所含的水可能比地球上的海洋所含的水要多得多[412]。

虽然一些科学家还是对木卫二上是否存在海洋持保留态度，但通过"伽利略号"磁力计实验给出的解释，几乎毋庸置疑地证明了在木卫二冰冻的表面下存在海洋！只有未来的探索才能使我们知晓这片海洋是否存在某种形式的生命。也许之后的人造卫星和登陆舱将为我们提供所需的数据[413, 414]。

木卫三

一位登上月球的宇航员将他在月球上看到的地形描述为"神奇的荒土"，对于第一次细看木卫三表面的科学家来说，这个描述同样适用于木卫三。木卫三表面拥有异常丰富的地貌特征，它被巨大的构造应力所推、拉、破坏，还不断受到陨石的轰炸，这些痕迹都留在了木卫三表面。

木卫三的表面温度为 132~143 开尔文[415]，直径为 5268 千米，平均密度为 1.936 ± 0.022 克 / 立方厘米[416]，绕木星的公转周期是 7.155 天[417]。木卫三是太阳系中最大的卫星，甚至比作为行星的水星还要大。

"旅行者号"传回的低分辨率图像显示，木卫三的表面被划分为两大部分，暗色区域有很多撞击坑，而明亮区域则多为带状的沟槽地形，撞击坑较少。根据更高分辨率的图像，特别是"伽利略号"传回的图像，人们发现暗色区域中存在较亮的撞击坑和较暗的喷射物。

沟槽地形看上去更明亮，平行交错的沟槽和山脊绵延了数百千米。谷和峰之间的水平间隔约为 5~10 千米，垂直落差为几百米。沟槽和山脊似乎被捆绑在一起，形成了所谓的"线理"结构。某些地方的线理彼此交叉，这表明其经历了很复杂的地质构造过程。这里还有一些小型山丘。木卫三上的某些地区有平滑的地形，这很可能是沟槽地形从下方被熔化的结果，或者是冰火山作用所致。如果仔细观察，我们可以很容易发现沟槽地形是切入到暗色的撞击坑地形中的，这表明暗色的地形更为古老。伽利略区（Galileo Regio）就是木卫三暗色地形的绝佳例子。伽利略区是一个直径约 2800~3200 千米的大型椭圆区域[418]。早期使用望远镜的观测者已经观测到了这一特征。多尔菲斯（Dollfus）和其他人正在绘制反照率标记的草图。如果使用现代 10 英寸孔径的望远镜，搭配 CCD 相机和网络摄像机，那么即使是业余天文学家，也可以捕捉到这些反照率特征。

明亮的沟槽地形确实提供了其上发生过地质构造运动的证据。除此之外，"伽利略号"在暗色区域也发现了构造运动的影响。尼科尔森区（Nicholson Regio）的暗色地形就显示出因构造力而发生强烈断裂的地貌，其中的一个大撞击坑都被撕裂了[419]。

马里乌斯区（Marius Regio）也是一个暗色区域。它靠近伽利略区，面积也很大。这两个区被乌鲁克沟（Uruk Sulcus）分隔开，使整个区域都变得更加有趣了。这两个区的分离似乎是某种板块构造运动的结果[420]。地壳扩张可能正是乌鲁克沟形成的原因[421]。

木卫三大约 65% 的表面是由明亮的地形组成，撞击坑的数量相对较少。这片区域大部分布满了沟槽。这些经过了地质重造的区域中都有很多三角形的山脊和沟槽。这种地形的形成可能是倾斜的地块发生了正断层作用，破坏了原地表所致。木卫三早期的轨道可能具有较高的偏心率，较强烈的潮汐加热作用使得木卫三内部的地质活动更加活跃，强烈的内部加热促成了这种明亮地形的形成[422]。许多沟槽可能是在不同时间、不同地质变形时期，因受到不同的应力场而形成的[423]。帕帕拉尔多（Pappalardo）等人曾对"伽利略号"拍摄的乌鲁克沟图像做过初步分析。这片区域中山脊和沟槽广泛分布，其地形呈平行的山脊状。这片区域的地质构造活动是多种多样的，除了倾斜块正断层作用外，还存在地垒地堑断层、走滑变形、高张应变、多米诺式正断层，以及水平剪切和张拉等活动。乌鲁克沟的脊槽间距约为 8 千米，峰谷的高度差一般在 300~400 米，最高可达 700 米。在部分山脊壁上有明显的阶地状构造 [424]。帕帕拉尔多等人认为，大量数据表明，倾斜块正断层、地垒地堑正断层和走滑变形等几种地质活动是通过对旧地表的破坏而改变地形的 [425]。

暗色区域约占木卫三表面的 35%，它的地质历史和明亮区域不同。如前所述，暗色区域被广泛分布的大撞击坑覆盖，但这种说法不太准确。在暗色区域我们可以看到撞击坑、丘陵地形、变余地形、沟壑、断层裂缝、凸岩地块、沟壑边缘和低反照率平原等多种地形。伽利略区被认为发生过多种地质过程，包括构造变形、物质坡移、升华作用、撞击喷射物重塑表面，以及可能的冰火山活动和地壳均衡调节。然而科学家们还没在暗色区域发现冰火山活动存在的确切证据，人们也没有发现可能是火山喷口的地貌特征。在木卫三的暗色区域中，撞击坑的形成是一个重要的过程。伽利略区是木卫三上最大的一块暗色区域 [426]。人们认为，这些区域颜色较暗是因为其表面有一层薄的低反照率贴层，这个贴层覆在干净的基岩上，基岩含有少量混合的暗色陨石物质 [427]。相比之下，沟槽地形中的低洼冰更为干净。

木卫三上有很多明显的撞击坑，这表明木卫三受到了"大轰炸"时期的影响。大部分撞击发生在木卫三历史的早期。大多数的陨石撞击证据都处在木卫三表面的暗色区域中，说明撞击是先发生的，而在之后的某个时间，沟槽地形形成并重塑了其部分表面。然而在沟槽地形中也存在一些陨石撞击坑，这表明这些撞击发生在沟槽地形形成之后。相比较而言，木卫三的撞击坑比木卫二多得多，但远不及木卫四。

木卫三上的撞击坑和月球或火星上的撞击坑不同。例如，月球上大大小小的撞击坑都有很深的坑洞，并且有撞击坑边缘和中央峰。而木卫三上，撞击坑直径越大，其深度越浅，坑的边缘也越不明显。换句话说，越大的撞击坑就越平坦。木卫三上有很多撞击坑非常浅，几乎要消失了，它们被称为"变余结构"。有一些变余结构具有 400 千米的直径。变余结构包含了四个表面单元：中央平原、无方向地块面、同心地块面和外围沉积物。沉积物代表着流体化的撞击喷射物 [428]。变余结构占了木卫三表面很大一部分，所以肯定起源于木卫三历史的早期。那时候木卫三的表面可能不像现在这样坚硬，它可能会随着时间的推移而流动，使撞击坑的轮廓变浅；也可能是那时更大的撞击能穿透到下面的软冰，使得流体可以充满撞击坑的底部。

在暗色区域和布满沟槽的明亮区域中都有年轻的撞击坑和其明亮喷射物的射线系统，其中最引人注目的就是奥西里斯撞击坑（Osiris），直径为 150 千米，其喷射物射线延伸了上千米 [429]。一些证据表明，木卫三和月球一样也遭受过大型撞击。木卫三上有几个多环状盆地的遗迹，其中最大的是南半球的吉尔伽美什盆地（Gilgamesh）。该盆地有一个 150 千米宽的中心洼地，其最外层的环半径为 225 千米 [430]。

"伽利略号"曾探测到一层薄薄的电离层，这表明木卫三存在着稀薄的大气层。哈勃太空望远镜也曾观测到木卫三稀薄的氧气大气层。"伽利略号"也曾在木卫三周围探测到磁场的存在。这些条件使得极区极光的产生成为可能。事实证明，极光存在的前提条件包括磁场、带电粒子流以及稀薄的大气。木卫三表面有大约 50% 的水冰。显然，木卫二和木卫三都是通过分解暴露在表面的水冰来释放氧气的。水冰中的氢原子在带电粒子的轰击下被剥离，这个过程被称为"溅射"。因为氢比氧轻，氢会泄漏到太空中，只留下氧气。这种类型的大气层是非常薄的 [431]。

目前木卫三表面没有冰火山活动的迹象 [432]。事实上，"伽利略号"探测器几乎没有找到冰火山存在的证据。然而，对于"旅行者号"首次发现的一个可疑区域，"伽利略号"确实进行了更详细的观测，确认了西帕尔沟（Sippar Sulcus）中的一个地貌特征，它表明有一系列的流体喷发并形成了流体流，这个流似乎已经侵蚀到了冰层表面并形成了自己的"火山喷口" [433]。因此，虽然我们已经发现了一些孤立的冰火山流特征，但几乎没有证据表明木卫三上存在广泛的火山地貌 [434]。

木卫三具有明显分化的内部结构。先前的模型揭示了木卫三有一个由多种冰固相组成的外壳，以及一个巨大的金属核，金属核中可能产生了磁场。"伽利略号"任务的成果之一就是确认了木卫三上存在磁场，木卫三也是第一个被发现有自己磁层的卫星 [435]。木卫三不仅拥有自己的固有磁场（而非感应磁场），它也有自己的磁层，这个磁层甚至使木星磁层偏斜了。木卫三的地核半径为其表面半径的 25%~33%，地核上方硅酸盐地幔的厚度在900~1100 千米 [436]。木卫三的光谱数据表明，冰是其表面的主要成分。从木卫三的平均密度来看，它的内部有约 60% 的质量为硅酸盐岩石和金属，其余 40% 的质量为挥发性冰。

木卫三的转动惯量系数是太阳系所有实体中最低的，这表明它的质量主要集中在它的中心 [437]。喷气推进实验室的约翰·安德森（John Anderson）曾说过："'伽利略号'的数据清楚地表明，木卫三分为地核和地幔，其在弯曲断裂的冰壳下有约 800 千米厚的温暖冰层，还有一个相似厚度的岩石地幔，以及一个铁核。"目前还不清楚木卫三的金属核心是由纯铁还是由铁和铁硫化物的混合物组成[438]。

有一些地质和地球物理的间接证据表明木卫三可能存在一个地下含盐液态水海洋[439]。木卫三有固有磁场，其最可能的来源是液态铁 – 硫化亚铁核心的发电机效应。因此我们可以得出结论：木卫三内部有一个富铁核心，周围是硅酸盐岩石地幔，最外层是冰层。冰壳的厚度约为 800 千米，核的半径在 400~1300 千米之间。"伽利略号"经过木卫三时获得的磁场数据显示，木卫三表面以下 170~460 千米深度的地方有一个导电层，它会产生感应磁场。这表明木卫三就像木卫二和木卫四一样，可能有一个地下海洋。然而需要明确的是，没有地下海洋的模型也能解释这些磁场数据[440]。掺杂少量盐和 / 或挥发性物质（如甲烷和氨）将大大降低冰的融化温度。如果这些物质存在，它们可能会增加冰的流动性，木卫三的表面下存在液态海洋的可能性就更高了[441]。

木卫四

作为离木星最远的伽利略卫星，木卫四绕木星一周需要 16.689 天[442]。它的表面温度为 142~157 开尔文[443]。它的直径为 4820.6 ± 3.0 千米，其形状没有明显偏离球形，密度为 1834.4 ± 3.4 千克 / 立方米[444]。它是伽利略卫星中的第二大卫星。它的表面亮度是四颗伽利略卫星中最低的，但它仍然比月亮更亮。

木卫四的光谱数据清楚地表明其表面覆盖着水冰。它的表面均匀分布着暗色的撞击坑，缺少火山或地质构造地貌。木卫四的低反照率也表明其表面存在着非冰成分[445]。有趣的是，木卫四上直径小于 3 千米的小撞击坑出现的频率比木卫三上的要低。这表明木卫四上存在尺度小于 1 千米的侵蚀过程，如表面冰层的升华，二氧化碳排气，或者是挥发性更强的氨冰的存在[446]。木卫四的表面是伽利略卫星中最古老的，它最大的撞击坑直径达数百千米。它的主要地貌特征可能都是在大轰炸时期形成的[447]。

"伽利略号"获得的磁场数据表明木卫四有磁场，这个磁场可能是由木星磁场感应产生的，内部导电层（例如至少 10 千米厚的地下海洋，并且其海水具有与陆地盐水相当的盐度）的存在可以解释这一点。如果这种地下海洋存在的话，它可能在很深的地方，因为木卫四表面并没有被内部活动影响的迹象[448]。人们观测到的磁场扰动很符合一个完全导电的球体所造成的磁场扰动。这种响应需要有高导电物质分布在整个卫星的近表面处。这一结果是对存在含盐地下海洋这一说法的支持。具有地球海洋典型盐度和几千米厚度的地下海洋可以很容易产生能被观测到的感应。这些观测的惊人之处在于，磁场的证据表明木卫四上现在就有海洋，而非仅仅是过去[449]！木卫四内部存在液态水海洋的假说也在模型中得到了印证[450]。

木卫四的表面十分古老，并没有大规模地表重塑的迹象。与木卫三不同的是，木卫四没有沟槽地形，这可能是因为其未分化的状态以及较小的木星潮汐力[451]。木卫四表面有大量的撞击坑，其数量比木卫三的还要多，放眼望去到处都是撞击坑。一些科学家认为，和其他伽利略卫星相比，木卫四的表面十分无趣。在这些撞击坑上几乎看不到任何地质构造运动和冰火山活动留下的有较为明显侵蚀痕迹的撞击坑。

和其他伽利略卫星不同的是，木卫四上没有任何确切的有关火山活动的证据。木卫四与木星的距离比其他三颗要远，因此它不会受到潮汐加热的影响，也不会受到其他卫星相互施加的轨道共振的影响，这可能导致了木卫四上缺乏侵蚀过程[452]。木卫四单调的表面被相当数量的大型多环撞击盆地破坏，这表明木卫四曾遭受过与小行星相关的轰击[453]，其表面最大、最显著的地表特征就是瓦尔哈拉（Valhalla）多环撞击盆地。该盆地内有一个直径约 600 千米的平坦的中央平原，其外部有一系列的环状结构，其半径可以延伸约 2000 千米[454]！

在木卫四的许多地方，其表面给人一种蒙上了暗色粉末的感觉。无论这种尘埃物质是什么，它都能使木卫四表面的许多撞击坑特征变得较为平缓[455]。虽然木卫四上没有大规模的地表重塑，但它的一些撞击坑还是有退化的迹象，在许多地区都存在滑坡、滑塌以及撞击坑边缘遭破坏的现象[456,457]。一些小"光滑"区域可能代表由冰火山活动造成的地表重塑，但关于这一点还缺乏确切的证据。有相当多的证据表明，其他的过程造成了木卫四表面的退化，比如升华驱动的地貌改变，以及崩坏作用或滑塌[458]。

和木卫三一样，木卫四表面的变余结构也很明显。变余结构是环状、低起伏的大型撞击痕迹，它由四个表面单元组成：中央平原、无方向地块面、同心地块面和外围沉积物。变余结构的沉积物是来源于流体化的撞击喷射物，而非来自冰火山活动或古老的撞击坑内部[459]。变余结构的存在会让人感觉大撞击坑几乎都不复存在了。

木卫四拥有一个散逸层。"伽利略号"上的紫外光谱仪探测到了从木卫四逃逸的氢原子，由此科学家们确定：由于太阳紫外辐射的轰击，地壳中的氧和水分子相分离了！红外光谱仪还发现了二氧化碳霜，甚至还存在一些气态的二氧化碳。根据罗伯特·卡尔森（Robert Carlson）的说法，木卫四的大气层非常稀薄，二氧化碳分子只会四处漂移而不会相互碰撞。太阳紫外辐射会将大气层中的分子分解为离子和电子，这些离子和电子会被木星的磁场带走，所以木卫四无法维持这种大气层。可能是因为有二氧化碳周期性地从地表排出[460]，木卫四才能维持其稀薄的大气层。如果没有这些二氧化碳补充，木卫四将没有明显的大气层。

地质和地球物理方面的一些间接证据表明木卫四地下可能有一个含盐液态水海洋[461]。木卫四的表面是太阳系已知最古老的表面之一。作为伽利略卫星中离木星最远的一颗，木卫四不会受到潮汐力的折磨，而潮汐力会导致其表面不断地发生隆起和重塑，因此没受到潮汐力影响的木卫四就能避免其内部加热过程。"伽利略号"对木卫四转动惯量的测量表明其内部并没有完全分化。也就是说，木卫四没有独立的地核和地幔，其内部的冰和岩石并不是完全分离的。木卫四被认为是通过大规模的熔化而避免了分化，但由于两种固态成分（冰和富含金属的岩石）通过对流逐渐离析而造成了木卫四的不完全分化。目前尚不清楚这种离析过程是否仍在进行。"伽利略号"传回的磁场数据表明，在木卫四表面下不超过几百千米深的地方有一个导电层，这个导电层会产生感应磁场。对这个现象最简单的解释就是存在一个地下海洋或是一层部分融化的冰层。光谱数据表明，冰层是木卫四表面的主要成分。木卫四的密度说明其含有大约等量的岩石或铁和冰[462, 463]。在木卫四上，防止其地下海洋完全冻住的热源可能是核放射产生的。此外，冰或软冰中的任何盐都可以作为天然的防冻剂。一种浓度不超过地球海洋的盐混合物就足以解释"伽利略号"获得的磁场数据[464]。

克鲁斯科夫（Kruskov）和克龙罗德（Kronrod）认为木卫四有六层未完全分化的结构，包括以下壳层：（1）外层是冰层和水海洋；（2）中间的水－冰地幔，可以分为三个储层，由高压冰和岩石物质（干硅酸盐和／或含水硅酸盐以及铁－硫化亚铁合金）的混合物组成；（3）不含冰层的中央铁岩核心，由岩石物质和硫化亚铁合金的混合物组成 [465]。木卫四没有显示出任何与非撞击相关的地质构造特征 [466]。

所以，在四颗伽利略卫星中，木卫四拥有最古老的未受干扰的表面，其表面也是最稳定的。它可能有一个留存至今的地下海洋。和其他伽利略卫星不同的是，木卫四上没有任何火山活动的迹象。

6.2 ╻ 木星的小卫星

在撰写本文时，木星拥有 63 颗卫星[①]，其中包括大量的小卫星（来自斯科特·谢泼德的个人通信）。小卫星中有一些处在顺行轨道上，另一些处在逆行轨道上。轨道与木星自转方向一致的卫星为顺行卫星，而与木星自转方向相反的为逆行卫星。一些卫星的轨道小而圆，轨道交角小；而另一些卫星的轨道大而长，轨道交角大。

规则卫星

规则卫星包括前面讨论过的伽利略卫星。除此之外，其他的规则卫星都是非常小的天体，具有小而圆的轨道，轨道交角也很小。除了四颗伽利略卫星外，还有四颗内层规则卫星，它们是直径 44 千米的木卫十六，直径 16 千米的木卫十五，直径 168 千米的木卫五，以及直径 98 千米的木卫十四。在木星形成的早期，有一个环绕木星的由气体和尘埃构成的圆盘，所有这些规则卫星可能都是从这个环木星盘中产生的。所有的规则卫星都是顺行的。

---

① 截至 2022 年底，木星拥有 80 颗已确认的天然卫星。

不规则卫星

环绕木星的不规则卫星数量很多。与规则卫星相比，不规则卫星的轨道很大，轨道交角和偏心率也很大[467]。一些不规则卫星是顺行的，而另一些是逆行的。这些天体非常小。由于它们较小的尺寸和特别的轨道特征，人们认为这些天体是在木星形成早期从环绕太阳的轨道上俘获的[468]。木卫六（Himalia）是不规则卫星中最大的一颗，它的直径约 150 千米。这个小卫星是由珀赖因（Perrine）在 1904 年发现的。它们中似乎有两组不同的顺行卫星和至少三组逆行卫星。这些卫星群组的存在说明这些卫星是由多个母天体碰撞解体而产生的。这种解体可能来源于与行星际天体（主要是彗星）的碰撞，也可能来源于与其他卫星的碰撞。每一个逆行卫星群组都包含一个大的天体（半径大于 14 千米）和多个小天体（半径小于 4 千米）。在这些不同的卫星群组之外，还有很多直径只有 2 千米的卫星。最近的研究认为，木星周围应该有大约 100 颗直径大于 1 千米的岩石卫星[469]。

对这些不规则卫星的观测十分有限，但我们知道它们的颜色在中性色（即太阳的颜色）和中度红色间变化。这些卫星缺乏在半人马小行星和柯伊伯带天体上发现的极红物质。逆行卫星整体上比顺行卫星更红，这表明逆行卫星是一个 D 型天体的碎片，而顺行卫星则来源于一个 C 型天体的解体[470]。然而，虽然不规则卫星的颜色与 C、P 和 D 型碳质外主带小行星的颜色十分相近，但它们的光谱却与 C 型小行星一致[471]。在木卫六的光谱吸收特征中，人们发现了其层状硅酸盐中存在氧化铁的证据[472]。

人们认为具有圆形非偏心轨道的规则卫星会环绕木星永久存在，而不规则卫星只是被木星暂时俘获，实际上有几颗彗星正处在环绕木星的临时俘获轨道上。科学家预计还有一些彗星会在未来 100 年内被木星俘获。临时俘获的卫星中最有名的就是"苏梅克 – 列维 9 号"彗星，它在 1994 年剧烈地撞击了木星。"苏梅克 – 列维 9 号"彗星可能已经在绕木轨道上运行了几十到上百年。假如它没有与木星相撞，它最终会被木星抛出，成为一颗绕太阳运行的短周期彗星，或完全离开太阳系 [473]。

6.3 木星环

我记得当我还是一个小男孩的时候，我对土星环非常着迷。整个高中时代甚至到进入大学，我都依然怀有这种迷恋。现在回想起来，我才意识到我从来没有想过（也许其他人也没有想过），我们有一天竟会使用"木星环"这个词！时代变了。其他行星也有行星环——这给我们上了一课：要永远期待意外的发生，特别是在天文学领域！

除土星外，木星并非第一个被发现有环的行星。实际上，天王星环的发现要更早：1977 年 3 月 10 日，詹姆斯·L. 埃利奥特（James L. Elliot）和罗伯特·L. 米尔斯（Robert L. Mills）领导的团队观测到天王星对恒星 SAO 158687 的掩星。对掩星过程中过早出现的、出乎意料的亮度下降的分析，让他们得出了天王星有行星环的结论。在这一发现之后，"旅行者 1 号"在 1979 年 3 月也确认了木星环的存在 [474]。当"旅行者 2 号"经过天王星时，人们第一次拍摄到了天王星环。最后，在"旅行者 2 号"于 1989 年 8 月 11 日拍摄的照片中，人们看到了环绕海王星的环状弧。之前对海王星的掩星观测未能得出确切结论，而这次"旅行者 2 号"拍摄的图像证实了海王星环的存在 [475]。至此，所有四颗气态巨行星都被发现有行星环，而且这些行星环各不相同。

木星环由三个主要部分构成：云状光环、主环以及暗弱的薄纱环 [476]。木星环是光学薄的，包含大量尘埃大小的粒子 [477]。根据光在主环中的散射方式来判断，主环中应该包含大量微米级粒子，其大小从几微米到几十微米不等 [478]。模型表明，环中的粒子会向内漂移到木星，最终消失在木星大气中[479]。引力和磁力都被认为在环系统中起着重要作用[480]。

"先驱者 10 号"和"先驱者 11 号"飞行器进行的粒子通量测量首次获得了木星环存在的证据。而直到 1979 年 3 月"旅行者 1 号"拍摄到木星主环之后，人们才有了木星环存在的决定性证据。"旅行者 2 号"拍摄到了更多图像，发现了主环外还存在一个宽环的迹象，这个宽环就是薄纱环。在主环内侧，人们还发现了一个更宽、更弥散的光环[481]。"伽利略号"后来确认了薄纱环的存在[482, 483]。当"旅行者号"经过木星时，还发现了三个内层小卫星，它们分别是木卫十四、木卫十五和木卫十六[484,485]。它们连同木卫五一起，不仅为木星环提供了物质，还引导并界定了环的边界。木星环附近还有几颗小的块状卫星，它们被伯恩斯（Burns）称为"碰撞碎片"[486]。

光环处在木星环的最内层，它是在主环内边界上垂直发散的一团细粒子云，其强度由外圈向内圈递减，在竖直方向上向外递减[487]。光环的范围大约在木星外约 92,000~122,500 千米[488]，是由与木星磁场的相互作用产生的。一些细小的尘埃颗粒被磁场从主环中向内拉出，并在垂直方向上被激起，从而形成了高度约为 20,000 千米的光环[489–493]。

主环是木星环系统中最明亮也最易探测的部分。在"旅行者号"和后来的地面观测中，我们都能清晰地看到主环[494]。布鲁克斯（Brooks）等人认为，主环的宽度为 6500~7000 千米[495]。奥克特－贝尔（Ockert-Bell）等人认为其宽度约为 6440 千米，处在距木星 122,500~128,940 千米的区间上[496]。"卡西尼号"的探测结果显示，主环的厚度上限为 80 千米[497]。主环有一个清晰的外边界和一个弥散的内边界。在主环靠近外边界的地方，"伽利略号"发现了"木卫十六裂口",该裂口的位置暗示了其与木卫十六间某种尚不明确的联系。也许它跟木卫十六引导环内物质的方式有关。木卫十六裂口表现为其轨道附近亮度显著下降的区域,它的外边界被一圈明亮的环物质包围。"伽利略号"还在主环上发现了几个明亮的斑块,它们的起源也尚不清楚。这些亮块可能是一些小型低能撞击产生的碎片[498, 499]。"卡西尼号"在环内发现了一些1000千米尺度的方位团块,并排除了它们是未知卫星的可能性。一种可能的解释是,它们只是在环附近发生了轻微的密度变化,这是一种简单的物质聚集;又或者它们只是远距离观测的自然结果[500]。"伽利略号"在主环的上下方都探测到了弥散且垂直延伸的物质云,它们与光环很像[501]。主环的物质被认为来源于木卫十五和木卫十六,其中木卫十五是最主要的来源。木卫十五的轨道就靠着主环的外边缘。木卫十六的轨道在木卫十五内侧1000千米处。主环的亮度在木卫十六的轨道外会迅速减弱。

另一些环亮度的不对称性也还没有被完全解释清楚。一种可能的解释是,这种不对称性来自环中细长粒子的特定指向排列;另一种解释是不对称性与磁场有关,又或者它源自环粒子数目的局部增强;还有一种解释是,由于碰撞和外部天体对环中母天体的撞击,产生了碎片,造成了环亮度的不对称。然而,因为环中剪切效应的存在,所以造成这种不对称性的天体碰撞只有可能发生在近期,并且这种不对称也只是一种短期内的局域效应。光散射研究表明,环中母体集中在主环外缘内约2000千米处[502]。母体只占了环系很小一部分的表面积,却贡献了大部分的质量。动力学研究认为这些母体是卫星破碎后的碰撞残留物[503]。2002年11月,"伽利略号"在木卫五附近观测到了一系列闪光。人们认为，是木卫五周围约 3000 千米范围内的 7~9 个小卫星反射了阳光才导致产生了这些闪光。分析表明这些小天体的直径在 0.5 米到数十千米之间。"伽利略号"在 2003 年 9 月又探测到了另一个天体。有人认为这些小天体是镶嵌在薄纱环中的离散岩石环的一部分[504]。

薄纱环处在木星环的最外层。它由两部分组成：一部分从 128,940 千米处的主环外缘延伸到 181,366 千米处的木卫五轨道内侧，另一部分从主环外缘延伸到 221,888 千米处的木卫十四轨道内侧。在木卫十四轨道外侧只能探测到非常稀薄的物质存在，薄纱环最终在 250,000 千米处完全消失融入了宇宙之中[505]。

木卫五和木卫十四被认为是半透明薄纱环的物质来源。这些内卫星因行星际陨石的撞击而产生了大量撞击坑，同时，撞击产生的大量尘埃维持了薄纱环的存在。有许多线索支持这一结论，其中一个可以证明外部薄纱环由两个环组成，并且一个环镶嵌在另一个环中。木卫五和木卫十四的轨道都稍倾斜于木星赤道面。而薄纱环也与赤道面有一定的倾角，甚至这两个环之间也彼此倾斜成一定的角度。

奥克特－贝尔等人把内侧薄纱环称为"木卫五薄纱环"，将另一个称为"木卫十四薄纱环"。木卫十四轨道外侧的物质被简单地称为"薄纱延伸"。木卫五薄纱环的垂直厚度被认为小于 4000 千米，而木卫十四薄纱环的厚度则大于 8000 千米[506]。这些环的厚度和它们对应的卫星相对赤道面的高度有关。木卫五和木卫十四有周期性的纬度振荡，这使得它们相对木星赤道面上下移动。当物质从这些卫星流失进入薄纱环中时，这些角度信息也一并被带入到了薄纱环中[507]。

除了"旅行者号""伽利略号"和"卡西尼号"等探测器的

探测外，帕洛马 5 米望远镜、美国国家航空航天局的红外望远镜、凯克 10 米望远镜和哈勃太空望远镜也对木星环进行了地面观测。这些观测表明木星环的物质颜色很红。这种红色来源于大天体的本征颜色，也来源于被尘埃散射得更多的红光。观测结果还表明，木星环中的粒子是非球形的小颗粒，大小可达数十微米，但也可能会有毫米到千米尺度的大天体。这个非球形特性是与天体间撞击和碰撞的效果相符合的[508]。

通过地基专业设备已经对木星环进行了光学、近红外和红外波段的观测，据我所知，还没有业余爱好者用业余设备拍摄到木星环图像。然而，随着业余爱好者可以用上更先进的设备和望远镜，木星环也迟早会被业余爱好者观测到。我所在的天文协会就拥有一台先进的 0.6 米的设备，而我所知道的其他组织还拥有更大的望远镜。可以肯定地说，木星环观测不会永远都是专业人士的领域。

6.4 特洛伊小行星和彗星

特洛伊小行星

木星是一颗巨大的行星，它控制着自己的小行星家族。这些天体被称为特洛伊小行星，它们处在木星的拉格朗日点 L4 和 L5 附近。这两个拉格朗日点是木星轨道上太阳和木星引力平衡的位置。特洛伊小行星的直径小于 300 千米，它们的数量非常多，和处于火星和木星间的小行星带中的天体数量相当。

木星族彗星

木星对飞向太阳的彗星也有很大的影响。轨道周期小于 20 年且具有较低轨道交角的短周期彗星，就是由木星的影响控制主导的。一般认为短周期卫星起源于柯伊伯带。由于碰撞或者引力效应，它们的轨道可能会不时发生改变，使得它们走上一条通往太阳的"新路径"。这条新的轨道与木星轨道相交，并与木星发生引力相互作用。随着时间的推移，这些彗星的轨道会逐渐改变——要么被抛出太阳系，要么撞上行星或太阳。目前最壮观的行星撞击事件主角非"苏梅克－列维 9 号"彗星莫属，它在 1994 年撞上了木星。

第二部分

观测木星

第二部分将讨论真正令人兴奋并会给我们带来巨大乐趣的事情，即对木星本身的观测。我们将讨论的内容包括观测设备、观测类型、观测记录以及观测报告。

引 言

多年来，业余天文爱好者不断为木星研究提供观测记录。英国天文协会的官方记录至少可以追溯到 133 年前，即 1891 年。业余天文爱好者的个人记录甚至可以追溯到更早的 1869 年，罗杰斯（1995）展示的草图甚至可以追溯到 1831 年[509]。国际月球和行星观测者协会自 1947 年成立起，就留有系统的记录；当然也有个别成员在此之前就认真地观测过木星。欧洲和东方的组织也对木星观测做出过重大的贡献。菲利普斯、莫尔斯沃思、安东尼亚迪（Antoniadi）、哈格里夫斯、皮克、哈斯、里斯、萨托（T. Sato）、希斯（A. W. Heath）、德拉格勒斯科（J. Dragresco）以及其他许许多多的观测者，都深受如今的业余爱好者和专业木星天文学家的敬畏。如果说过去科学家们的成就有一部分是因为他们站在前人的肩膀上，那么对如今观测和研究木星的我们来说，更是如此。事实上，如果没有业余天文爱好者贡献的观测记录，我们便会缺少对木星物理外观的连续记录，因为专业的天文学家往往忙于别处。即便是处于这个超现代、高科技的世界中，业余天文爱好者的观测依然对这颗巨大行星的研究有着至关重要的作用。

由于专业团队没有足够的时间来使用世界各地的专业仪器进行观测，因此他们需要业余天文爱好者的观测来填补空白，甚至作为他们研究的基础。严谨的业余爱好者会进行细致且标准化的观测，可以从统计学的角度分析这些观测。专业天文学家需要业余爱好者们所收集的数据。我们常说，虽然业余爱好者并没有专业天文学家那么精密的设备，但业余爱好者仔细记录下的数据依然很有价值。这句话除去精密设备这一点不算，还是很有道理的。更大、更好的望远镜已经变得越来越便宜，也越来越复杂精密，诸如 CCD 相机之类的设备，其使用范围不再仅限于专业人士，并且随着业余天文爱好者组织想方设法建立了高级的观测站，即便是大型的设备也可以使用了。

那么，业余天文爱好者能做的观测有哪些呢？实际上，业余爱好者可以进行多种类型的观测，包括圆盘绘图、条纹草图、强度估测、中央子午线凌星计时以及漂移图表的构建、纬度的测量、颜色的观测、恒星掩食、伽利略卫星的交食和凌星、CCD 和网络摄像机成像、图像测量，以及木星和其伽利略卫星的测光。对于初学者而言，这一系列观测有些令人难以置信：业余天文爱好者真的能够做到这一切吗？是的，他们可以。我们将依次讨论这些内容，此外我们还将讨论不同类型的望远镜、每种类型的优缺点、目镜和滤镜，以及其他有用的设备。

/ 第七章 /

设 备

任何严谨的观测项目都得益于能够实现精确观测的设备。观测者所使用的设备应该是力所能及的范围内质量最好的。对于行星研究而言，有的设备设计相对突出，而有的设备则应该尽可能避免使用。在这一章中，我们将讨论可供选择的设备以及各个设备的优缺点。

7.1 ┃ 望远镜

要对木星进行有意义的观测，就需要使用合适的望远镜。这就引出了一个问题——什么样的望远镜是合适的？哪种类型的望远镜最好？所需的望远镜最小尺寸是多少？许多观测者偏爱折射望远镜，也有人更喜欢牛顿反射望远镜，许多天文学家使用施密特－卡塞格林望远镜进行观测，也有一些人会用特殊类型的望远镜。因此，初学者在刚开始容易混淆是可以理解的。

我认为4英寸孔径的折射镜或6英寸孔径的反射镜，是正式的木星观测所需的最小尺寸。更小尺寸的望远镜无法提供足够的分辨率。分辨率指的是望远镜分辨小细节的能力。在任何其他活动中，一台好的大尺寸的望远镜都要比一台好的小尺寸的望远镜更优异。在行星观测中，大尺寸的望远镜更具优势。通常，望远镜镜头的孔径越大，其分辨能力就越强。望远镜的分辨率可以用道斯极限来表示，道斯极限用以下公式表示：

$$sep'' = 4.56/d,$$

其中 sep″代表在望远镜一个给定的孔径下，两颗同星等的星可以被当作两个彼此分开的对象观测的最小间隔（以角秒为单位）。道斯因子为 4.56，d 代表了望远镜镜头或镜面的直径（以英寸为单位）。因此，望远镜越大，其分辨靠近的两颗星的能力就越强；孔径越大，就可以观测到更小的间隔。有一次，我的一个天文学家朋友告诉我他申请了一台凯克 10 米望远镜的观测时间来观测木星。他想用这台望远镜的原因并不是其聚光能力，而是其分辨能力。当然，分辨率可能会因为视宁度不佳和光学系统质量差而受到不利影响。很少有望远镜能够达到分辨率的理论极限（表7.1）。有些夜晚的视宁度可能非常差，以至于无论孔径多大的望远镜都无法观测到令人满意的结果。但是在视宁度良好的夜晚，更大的望远镜能聚集更多的光，拥有更大的放大率，并显示出更多的细节。

表 7.1　道斯极限给出的望远镜分辨率

孔径 （厘米）	分辨率 （角秒）
6	2.2
8	1.5
10	1.2
15	0.8
20.3	0.6
25	0.5
32	0.4
40	0.3

参照谢罗德（1981）[510]

木星上明暗特征的对比非常微小，因此，观测木星的理想望远镜须能呈现对比度高的清晰图像。大部分天文学家认为，在所有类型的望远镜中，折射望远镜在这方面的表现最好。折射镜通过一个透明的透镜聚焦光线来形成图像。透镜被安装在镜筒前方的透镜单元中，光线在镜筒下端装有目镜或其他仪器的地方聚焦。与反射望远镜相比，制作精良的折射望远镜更为可靠，而且需要的维护相对较少。因为折射镜在光路中不像传统的反射望远镜那样存在阻隔，所以它们的图像对比度较高。使用高质量折射望远镜的观测者绘制过一些我见过最棒的行星图。

然而，大孔径折射镜的制造成本非常高。早期折射镜的物镜都在一定程度上受到色差的影响。因为这种色差，在明亮的物体边缘的周围经常会看到红色和蓝色的边纹。这就使得行星和明亮的恒星在折射镜中表现的色彩变得有些不可靠。在过去的几年里，折射镜镜头只好采用长焦距来尽可能地消除色差，因此就出现了焦比在 f/15 甚至更高的折射望远镜。大型折射镜的光学筒又长又重，需要大的支架和结构来支撑和容纳它们。40 英寸孔径的耶基斯（Yerkes）折射镜是最大，也是最后制造出的大型折射镜。业余天文爱好者一般没有这么大的仪器，即便要使用一个 6 英寸孔径、f/15 的折射镜仍然需要很大的空间，并且要运输它也并不容易。

最近，尤其是过去几年，制造厂家已经解决了折射镜片原本的大部分问题。现代的高质量折射镜使用由特殊玻璃制成的镜头，它们通过计算机化机器的精心打磨，具有更短的焦距。现代镜头能够精确地将所有不同波长的光线聚焦成清晰、色彩准确的图像。这些进步使得折射望远镜价格更加实惠，结构也更加紧凑。如今，许多观测者都选用折射望远镜作为他们的首选望远镜。

除折射望远镜外，长焦的牛顿反射望远镜的图像对比度最佳。对许多观测者来说，一个 6 英寸孔径、f/8 的牛顿式反射镜产生的图像对比度可以与一个 4 英寸孔径、f/15 的折射镜相媲美。这种反射镜通过位于镜筒下端的抛物面镜来收集光线并使其聚焦于光学镜筒上端附近的焦点。因为镜面的玻璃不需要像折射镜片那样光学纯，所以制造镜面更容易，成本也更低。此外，镜面可以更容易打磨到更短的焦距。因此，反射望远镜每英寸孔径的成本通常要比折射望远镜低得多。由于反射镜镜面比折射镜片更容易精确打磨，可以将镜面制成完美的抛物面，从而使每个波长的光都能聚集到同一个焦点。这实际上就消除了反射望远镜中的色差。因为焦距更短，所以反射镜可以做得更短更轻，其底座不必像折射镜那样大，且反射镜可以置于更小的空间内。因此，即便是有些大的反射镜也比较容易运输。反射望远镜的一个缺点在于，它们相对于折射镜需要更多的维护。反射望远镜的镜面安装在镜室中，镜室安装在光学镜筒上。为了将聚焦图像带到目镜，须在光学镜筒的上端用一个呈 45 度角的光学平面副镜，来将光路从镜筒一侧带出至目镜或其他仪器。这个系统中的两个反射镜必须完美准直和对齐才能产生可用的图像。这些镜面需要定期调试，以保持望远镜处于良好的工作状态。除此之外，反射镜还需要时不时地清洁镜面和重涂反光材料。这些维护耗时又耗财。由于木星特征的对比度非常低，光学系统的微小偏差就会抹掉原本可以看到的精细细节。尽管存在这些不利因素，大型反射镜也要比大型的折射镜更常见。当今的大型现代专业望远镜都是反射望远镜。牛顿反射望远镜是观察木星的合适之选。

　　牛顿反射望远镜的一个变体就是经典的卡塞格林望远镜。卡塞格林望远镜也采用抛物面镜作为主镜，但它还有一个相对小的凸面镜副镜。光线不是从侧边反射出去，而是通过主镜中央的一个小开口沿着镜筒反射回来，到达主镜后方的焦点。卡塞格林望远镜通常具有很长的有效焦距，这就使得其图像对比度和放大倍率都可以很高。许多现代专业望远镜都采用经典的卡塞格林式结构。

如今的业余天文爱好者使用最多的是施密特－卡塞格林望远镜，这种望远镜采用球面镜而不是抛物面镜作为主镜。和经典的卡塞格林望远镜一样，其主镜位于光学镜筒的底端。由于球面镜容易产生色差，在光学镜筒的前方还放置了一个非常薄的校正镜。校正镜的后方安装了一个小型圆凸透镜，同样与经典的卡塞格林望远镜类似，主镜收集的光线通过主镜的开口再次反射回镜筒，并在后方聚焦。施密特－卡塞格林望远镜中反射镜与透镜的组合可以使得相对长的聚焦系统被安装在相对短小的光学镜筒中。典型的 8 英寸孔径、f/10、焦距 80 英寸的施密特－卡塞格林望远镜（图7.1）能容纳在一个只有 22 英寸长的光学镜筒内。这就解释了这种望远镜为什么这么受欢迎。它结构紧凑、相对较轻并且运输起来很方便！我的几个天文学家朋友在野外调查时都使用这种便携的仪器。这个有着 f/10 有效焦距的施密特－卡塞格林望远镜是一款非常棒的通用望远镜。然而这种望远镜并不适用于行星观测，它的复合透镜需要有一个大的副镜：在一个 8 英寸孔径、f/10 的施密特－卡塞格林望远镜中，副镜的直径有 2.75 英寸，对主镜造成了 35% 的遮挡。与折射镜和牛顿式反射镜相比，这种较大的副镜大大降低了图像对比度。出于这个原因，施密特－卡塞格林望远镜并不适合目视观测。但是当用 CCD 相机或网络摄像机对行星成像时，这种望远镜似乎具备与其他望远镜一样好的性能。施密特－卡塞格林望远镜的另一个问题就是图像偏移。与其他望远镜的设计不同，大多数工业制造的施密特 – 卡塞格林望远镜通过在光学镜筒中前后移动主镜来实现对焦。反射镜实际上是在内筒上滑动，并通过转动聚焦旋钮，控制和主镜组件啮合的千斤顶螺丝来进行调节。这种架设必须具有一定的游隙，以便反射镜能够不受约束地移动。如果游隙过大，随着焦距的改变，观测者会发现图像横向偏移。虽然通常在其他望远镜的设计中，这种图像偏移也会由于目镜齿条齿轮调焦装置的公差而略微出现，但在一台组装不良的施密特 – 卡塞格林望远镜中，图像偏移可能会非常恼人。我在一些施密特 – 卡塞格林望远镜中体验过非常大的图像

图 7.1　叉式赤道仪架台和三脚架上的一台 8 英寸（203 毫米）孔径的施密特 – 卡塞格林反射望远镜。

偏移——在地平线附近观测时，主镜已经偏移中心太远，以至于已经不是完全准直的！如果工业制造商能够以它们的产品为荣并真正做到消除这种缺陷，那将会是非常令人欣慰的。尽管存在缺点，施密特－卡塞格林望远镜仍会受欢迎。为了论证这一点，我用施密特－卡塞格林望远镜进行了大量严谨的木星观测。只要细心并且有耐心，使用这种望远镜的观测者也能获得很好的观测成果。

还有其他类型的望远镜，其中大部分都是上述类型的变体，包括马克苏托夫望远镜、离轴反射望远镜、马克苏托夫－牛顿望远镜、施密特－牛顿望远镜和双筒望远镜等。

总而言之，最好的望远镜能呈现出对比度高的清晰图像。从这个角度来说，折射望远镜和长焦距（f/8 或更高）的牛顿反射望远镜性能更好。尺寸也是重要的因素之一。要想有高分辨率和高放大率，就需要较大的孔径。因此，4 英寸孔径的折射望远镜或 6 英寸孔径的反射望远镜是正式研究所需的最小尺寸。任何望远镜的光学系统都应该准确对齐和准直，因为条件较差的光学系统会导致观测者错失微小的特征。最后，永远不要因为缺少"完美"的望远镜而推迟观测计划，要使用你所拥有的仪器进行最佳的观测。事实上，最好的望远镜就是观测者使用得当的那台望远镜。

7.2 目 镜

　　一个好的目镜可以使最普通的望远镜的性能也得以提升。好的目镜对行星观测非常重要，因为观测者常常要用较高的放大倍率来看清细微的表面特征。多亏了现代制造业，才能有众多优质的目镜供我们选择，其价格范围也很广（图 7.2）。在目镜的选择上，观测者不应该过于吝啬，尽可能多地购买一些好目镜，因为好的目镜也能提升观测的效果。

　　要观测木星，你应当有一定数量的目镜以产生不同的放大率。一个好的巴罗透镜（Barlow lens）也值得拥有。初学者在观测木星时往往试图使用过高的放大倍率，认为越大越好，而经验丰富的观测者并不会认同这个观点。虽然木星又大又亮，但它经不住太高的放大倍率——其图像的对比度容易变得很低。一个很好的经验法则是，不要用超过每英寸孔径 40 倍的放大倍率。如果视宁度比较差，可能还达不到这个极限。我用 8 英寸孔径的望远镜观测木星时，即使是在视宁度稳定的夜晚，也很少用超过 200 倍的放大率。曾有几次观测，我用 8 英寸孔径的望远镜达到了 325 倍的放大率，但这样的夜晚非常稀少。对于木星，尽量不要用太高的放大倍率。你会从实践经验中摸索出哪些设置是你的设备所能实现的。

　　与望远镜的选择一样，在目镜设计的选择上也可能存在争议。用于观测行星的目镜应能产生清晰的图像，这就不得不提到一种多元组设计——在目镜筒内组合安装多个镜头。行星是明亮的物体，因此目镜需要有适当的涂层镀膜以消除杂散的反射和重影。

现代镀膜实际上增加了目镜的透光率，有助于形成较高的图像对比度。目镜筒的视场端应具有螺纹以便安装目镜滤光片，我们将在之后对其进行讨论。

图 7.2　各种各样的目镜——两个阿贝无畸变目镜、两个普洛目镜和一个 2 倍巴罗透镜。

　　对于行星观测，我最喜欢的目镜类型一直是阿贝无畸变目镜（orthoscopic），这种目镜采用一种四片组结构。阿贝无畸变目镜在非常高的放大倍率下表现优异，几乎在整个视场范围内都能呈现清晰的图像。但这种目镜的缺点在于不能产生非常广的视场，所以不适用于其他一些类型的观测，但用在行星观测中并不成问题。遗憾的是，在当今市场上我没有找到很多阿贝无畸变目镜。一个好用的阿贝无畸变目镜可以说是非常珍贵的财产。

　　我第二喜欢的目镜就是普洛目镜（plössl）了。它无疑是当今最受欢迎的目镜类型，许多公司都生产这种目镜。普洛目镜也采用四片组结构,但是其镜头的组装方式与阿贝无畸变目镜不同。普洛目镜种类繁多,价格也各不相同。这种目镜具有相当广阔的视场,并且它在低倍和高倍下呈现的图像直到视场边缘都很清晰。普洛目镜是非常好的通用型目镜,也适用于近距离的双星观测。我的目镜盒中的大部分是普洛目镜。这里也一样,你应该尽可能地购买镀膜良好的优质目镜。

另一种常见的目镜类型是凯尔纳目镜(Kellner),这种目镜采用的是三片组镜头结构设计。虽然凯尔纳目镜在宽视场低倍率下表现良好,但在高倍率下,它会比前述设计受到更多影响。我并没有用凯尔纳目镜来进行行星观测或其他高倍率观测。

也有一些在目镜中使用六个甚至更多片组的多元组结构设计,这些目镜通常用来产生超宽视场。它们价格高昂,我并不认为它们对于行星的观测会比阿贝无畸变目镜或普洛目镜更有用。一般而言,这笔费用是可以省下来的。

还有其他比较便宜的目镜,其中多是双片组结构镜头。不过它们并不利于行星观测,应该避免选用这些种类的目镜。

虽然我个人更喜欢在行星观测中使用阿贝无畸变目镜和普洛目镜,但其他观测者当然可以通过尝试各种不同类型的目镜来做出自己的决定,如果非常需要,可以试试多元组镜头结构。不管用哪一种目镜,都应该使其保持干净无污渍,并且镜头元件应当稳固地安装在目镜筒内。

7.3 | 滤光片

在尝试行星观测时，使用特定波长的彩色滤光片非常有用。我们之前讲到过，木星上的特定特征往往会呈现某些特定的颜色，比如北赤道带南缘的蓝灰色垂饰物、红色的大红斑，或是赤道带本身的红褐色着色。滤光片有助于我们看清这些特征。

木星上特征之间的对比度和颜色差异都十分细微，对于缺乏经验的观测者来说更加难以发觉。彩色滤光片（图 7.3）能够增强这种对比度，并帮助我们准确判断特征的颜色。滤光片还有助于稳定图像，特别是当视宁度不佳或当我们尝试从低海拔处（如地平线附近）观测时。不稳定或是因为较差的视宁度而"翻腾"的图像可能无法观测。因为不同波长的光在穿过我们的大气层时

图 7.3 各种各样的彩色滤光片，每个都安装在拧入目镜底部的环中，以供对比。

会发生不同的折射或弯曲，所以采用滤光片来限制穿过我们眼睛的特定波长的光能够改善这种状况。

我非常提倡在行星观测中使用滤光片。虽然这还是出于个人选择，也有一些观测者认为滤光片会过多地降低图像的亮度，但是我相信当今大多数严谨的观测者都会同意我的观点。

那么，滤光片是如何完成它们的工作的呢？具有适当密度的彩色滤光片会阻挡所有频率的光，除了它能通过的那个频率的光。简单来说，红色滤光片会滤去红色波长以外所有波长的光，只通过红光；蓝色滤光片会阻挡除了蓝光的所有光，以此类推。我们可以利用这些滤光片的传输特性，例如在观测行星时，通过红色滤光片的作用就能使红色的特征看起来更亮而其他波长的特征看起来更暗。所用滤光片的波长决定了哪些颜色会显得更暗。一般来说，为了增强目标观测特征的对比度，就要使用一个和特征颜色相反的滤光片。比如，想要增加蓝色特征的对比度，就可以采用红色的滤光片。通过这种方式，滤光片还能协助我们辨认特征。比方说，如果一个特征在红色滤光片下观测变得更暗，那么该特征可能倾向于是蓝光波长的；而如果它在红色滤光片下观测显得更亮了，那么该特征的颜色可能就是红色的。与在多色光下观测相反，这是一个更客观的确认特征颜色的方法，因为不同的观测者对不同颜色光的感知也不同。举例来说，如果你觉得难以分辨出大红斑前后缘的位置，可以尝试使用蓝色滤光片。

红色滤光片，例如雷登21（浅橙红色）、23（浅红色）或25（红色）有助于我们辨识蓝色的凸出物、垂饰特征和北赤道带南缘的蓝灰色特征。红色滤光片还可以帮助观测非常细微的特征，比如南温带椭圆BA，特别是当椭圆周围被一圈蓝灰色物质环绕时。

蓝色滤光片，例如雷登 82A（浅蓝色）、80A（中蓝色）或 38A（蓝色）可以用来加强如大红斑及赤道带本身红褐色这样的红色特征。因为蓝色滤光片增强，或者说加深了赤道带，所以它们有助于提高嵌在赤道带内的明亮特征的对比度，比如赤道带中明亮的椭圆和裂谷。在准确识别和衡量某个裂谷的前后两端或测量明亮的大椭圆的长度时，这个方法特别有用。

我喜欢用雷登 12（中黄）和 8（浅黄）这样的黄色滤光片来观测极地地区，在黄光下观测到了许多薄雾和暗影。南温带椭圆 BA 通常能用雷登 8 滤光片加强，以将它与原本灰色的背景区分开来。我特别喜欢把雷登 8 滤光片当作通用对比度增强器。对我来说，这个滤光片似乎可以适量地增加总体的对比度，而并不会消除更细微的特征。我也会使用绿色滤光片。雷登 11（黄绿色）、56（浅绿色）和 58（绿色）也都能增强红色和褐色的特征。

滤光片通常带有螺纹，以便拧入目镜筒的视场端。与目镜一样，滤光片应有良好的质量，笔直、稳固地安装在座架上，并在两面都是光学平的。滤光片还应该保持干净，不能有棉线、尘土和污渍，以免妨碍我们想要观测的细节。

同样，对于滤光片的选择人们各有各的看法，应该通过实践尝试看看哪种滤光片最适合自己。当然，根据观测条件的不同，有时不带滤光片观测反而是最好的选择。

7.4 架 台

　　天文望远镜的架台有多种多样的设计，其中包括高度方位架台（经纬仪）、多布森架台、德式赤道仪架台以及叉式赤道仪架台。无论哪种类型，望远镜的架台都应该足够坚固，以牢牢固定住望远镜，方便我们观测。最令人沮丧的事莫过于将一个好的望远镜装在使其轻易振动、晃动的糟糕的架台上，在这样的架台上得到的图像是不能够满足严谨的天文观测的，还很有可能导致我们前功尽弃。务必警惕廉价、不合适的望远镜架台。

　　我用各种架台上的各种不同望远镜都观测过。只要架台能充分支撑望远镜，那么不管是哪种类型都能进行观测。但是，我强烈推荐望远镜安装于电动的赤道仪架台，或是其他能够自动化跟随地球自转的架台上。虽然高度方位架台、多布森架台或手动赤道仪架台可以手动将目标置于视场中，但这样做并不理想。持续操作望远镜来跟上行星非常累人，特别是在使用高放大率观测时，这么做会消耗宝贵的观测时间，且有碍于我们集中注意力。赤道仪架台使得望远镜能够随着地球的自转而旋转，并在仅围绕一个轴移动的情况下将目标保持在望远镜的视场内。赤纬轴能让望远镜在南北方向上移动，极轴则能让望远镜在东西方向上移动。架台的极轴与地球的极轴对齐。赤道仪架台的两种主要类型是德式赤道仪架台和叉式赤道仪架台（图 7.4）。我也更喜欢配备电子慢动作控制的架台，这样无须用手触摸望远镜就能轻易地使行星位于视场的中心。有时候需要略微地来回扫视行星，以便发现细微的特征。在慢动作控制的帮助下，这种扫描很容易进行，且不会将振动传到望远镜。这种技术对寻找视场中我称之为"最佳点"的地方也非常有效，实际效果也因观测者之间的目镜和肉眼的差异而有所不同。

偏大的架台要优于过小的架台。这看起来是显而易见的，更重的支架在气流和微风下表现得更好，并且能更快地抑制住振动。通常，需要超过 3 秒才能消除振动并稳定下来的架台是不够用的。置于便携式支架脚下的防振垫有助于减轻振动。应当注意维护保养，并保持架台中所有的螺母和螺栓都已拧紧。通过在架台上悬挂一罐沙子或一大箱水来增加其重量也会很有帮助。

图 7.4 叉式赤道仪架台的特写。其极轴和赤纬轴上都设有圆形，电子钟驱动的电机隐藏在大型圆形底座中。

使用安装在赤道仪支架上的望远镜时，我还喜欢进行比较精确的极轴校准。适当的校正可以减少赤纬漂移，赤纬漂移会导致目标随着时间向南或北略微漂移，这又需要我们不断进行调整。如果能避免这些问题，观测过程将会更加愉快。

望远镜的架台与望远镜本身同等重要。购买望远镜时，要像测试望远镜光学系统那样认真地测试其架台！

/

第八章

/

天空状況

8.1 视宁度

　　作为天文学家，我们总是很关心"视宁度"。"视宁度"一词指的是大气静止的程度。当我们观测行星或其他天体时，我们是透过地球的大气层向上看。这个大气总是在流动。来自行星或恒星的光在其到达我们眼睛的途中进入大气层，并受到这些大气层的影响，使得它们在向我们行进的过程中略微弯曲至不同方向。这种光线的弯曲导致了星光的"闪烁"，行星的图像在我们的目镜中四处舞动并"翻腾"。你是否曾注意到，在一个相对温暖的白天过后晴朗的冬日夜晚，星星会闪烁得多么剧烈？如果你在这样的夜晚通过望远镜观测一颗明亮的恒星，你会发现这颗恒星根本不是静止的。事实上，它看起来可能在冒泡和翻滚，并散发出不同颜色的火花。这就是一个较差的视宁度的例子。如果你观测的是一对靠得非常近的双星，你可能无法将两者分开，因为它们看起来被搅浑了！这种糟糕的视宁度也会影响行星观测。在同样的情况下，目镜中木星的图像可能会"翻腾"，并且无论你做什么它都不会保持静止。当然，正在发生的现象是辐射致冷。在温暖的白天，地球吸收热量，随后当太阳落山时，随着温度的下降，这些热量开始辐射至大气中。这些上升气流也导致了大气的不稳定。

　　朱利叶斯·本顿博士对"视宁度"给出了更正式的定义。根据本顿的说法："天文视宁度是大气中一系列点与点之间非常微小的折射率差异造成的结果，造成这种差异的直接原因在于密度的不同，这通常与一个位置到另一位置的温度梯度有关。这种随机的大气偏差的影响在观测上就体现在图像不规则的变形和位移上 [511]。"当视宁度不佳时，我们很难对木星进行能够获得良好数据和图像的观测。

国际月球和行星观测者协会、英国天文协会等其他组织已经建立了专门的标度来估计观测时的视宁度状况。国际月球和行星观测者协会用一套 0~10 的标度来衡量视宁度的情况。大体上，标度的范围从代表最差视宁度的 0 到代表最佳视宁度的 10。我们几乎没人遇到过完美的视宁度条件。国际月球和行星观测者协会制定的标度为了解这些不同等级的视宁度以及何时可以进行有效的观测提供了指导。

0：视宁度最差，图像完全不稳定并且辨认不出任何细节。

2~4：整个行星盘在移动，可以辨别出少许细节。

5：行星盘无明显移动但在翻腾，就好像是透过移动的液体观测到的图像（本顿），可以间歇地看到一些细节。

6~9：行星盘稳定，偶尔闪烁，可以辨认出细节。

10：视宁度完美，图像是完全静止的，能轻易看到平常看不到的较小特征。

通常，在高放大倍率下的严谨观测只有在视宁度状况的等级达到"5"或以上时才能开展。

虽然我们很难克服糟糕的视宁度，但我们仍可以采取一些措施来避免视宁度变得更差。我们刚刚讨论过，随着热量往上升，气流开始运动，导致视宁度恶化。我们希望能在避免发生这种问题的地方进行观测。请记住，石头、混凝土、砖墙和露台都是像散热器一样的结构，它们会在阳光明媚的白天储存热量，并在夜晚将热量散发出去。因此，应该避免将望远镜搭建在砖砌或混凝土的露台，或是靠近建筑物或街道的地方。当然，不要在混凝土车道或人行道上架设望远镜，并且要尽量避免在屋顶或壁炉烟囱上观测。如你所见，只要稍加思考，其中一些诀窍就会成为常识。如果从掩蔽处进行观测，比如在天文台圆顶或平顶中，那么掩蔽处内部的温度不应与外部温度有太大差异。如果从内部空气因白天的热量升温的圆顶中观测，那么室内的空气将通过圆顶开口上升数小时，直到温度平衡。你是否曾透过一桶燃烧的树叶看过远方的东西？当时在你的视场中一切应该都是波动起伏的。被加热的圆顶会产生同样的效果。应该在观测前提早打开这类掩蔽处，这样内部的温度才能与外部空气的温度保持平衡（图8.1）。用大型风扇在白天吹吹空气可能有助于解决这个问题。即使是在户外，我们也经常发现，随着夜幕降临和温度下降，视宁度会有所改善。

图8.1　中央得克萨斯州天文学会（Central Texas Astronomical Society）的专业天文台。注意侧面的排风罩下隐藏着一个大型排气扇。该建筑物的每侧都有一个排气扇，有助于最大幅度地减少白天圆顶内聚集的热量。

我发现，观测木星的最佳视宁度常常出现在深夜两点之后。

因此，我们不仅要关心地球大气层高处的观测环境，还要关注望远镜周围的环境。即便是望远镜的设计也会在视宁度中发挥重要的作用。与光学镜筒为开放桁架式系统的牛顿反射望远镜相比，折射镜或是像施密特－卡塞格林望远镜这样的封闭式反射镜需要花费更多的时间来冷却，因为它们白天会在内部存储热量。对于封闭的镜筒而言，镜筒内波动的气流会导致视宁度较差，直到镜筒冷却下来才能恢复。糟糕的视宁度不仅会影响目视观测，还会影响摄影和成像，关于这一点我们将在之后详细讨论。

8.2 透明度

天文学家们所担心的另一个主要的大气状况是"透明度"。正如其字面意思,"透明度"是指天空清澈的程度。大多数观测者会简单地通过恒星星等的标度来衡量透明度,这也是国际月球和行星观测者协会所提倡使用的测量系统。

透明度的衡量简单规定为在无光污染的情况下,在观测目标周围可以看到的极限星等。换句话说,透明度表示了天空晴朗或多云的程度。举例来说,如果某次观测中在黑暗的天空中可以看到六星等,那么我们就说透明度为六;如果在观测目标附近只能看到三星等,那么我们就说透明度为三,以此类推。如果是在有光污染的地区观测,你需要判断假设自己处于黑暗的天空下的透明度。同样,透明度标度的使用和应用都是常识性的。

除了透明度之外,其他影响我们观测的因素还有薄雾、空气中的水蒸气或风。在这些因素的影响下,透明度可能相当好,但是我们可能仍然无法进行良好的观测。记录这类信息非常重要,我们将在本书之后的内容中看到这一点。

8.3 了解天气

　　这样的情景是否发生过很多次——你经历了一个美妙的下午并认为晚上适合观测，在搭建好设备后却发现视宁度条件非常糟糕；或者在度过了晴朗的白天后，发现在天黑后的短短几分钟内天空就乌云密布。我也曾体验过无数次这种失落。这种情况似乎常常在我计划了非常重要，甚至是一生一次的观测后发生。面对这种令人沮丧的状况，我们能做些什么呢？遗憾的是，我们常常无能为力。但有时候如果我们能够更好地了解天气的情况，就能避免过于失望。确切地说，我指的是天气中的因果关系。

　　现在我并不是有意让你成为专业的天气预报员，这些工作我们还是留给专业的气象人员来做。但是，有一些现象是我们每个人都可以更好地理解并加以利用的。

　　前面已经提到过在温暖的白天之后夜晚发生的降温。当白天多云，而接下来的夜晚非常晴朗、万里无云时，这个问题尤其显著。我们几乎可以毫无悬念地预测，在入夜后的至少几个小时内，就算透明度条件完美，视宁度也会非常差。相反的情况也有可能发生。有时随着降雨后晴空万里（锋面穿过该区域后），可能会出现极佳的视宁度条件。

　　我和我的许多同事发现，天空中的轻微薄雾实际上可以带来很好的视宁度，在这种情况下观测到的行星盘出奇地静止，产生与辐射致冷截然相反的结果。当然，如果薄雾过于浓厚，一些更细微的行星细节就会被遮挡。无论如何，下次有机会时请务必尝试在这些条件下进行观测，比如在有间歇性的云存在时进行观测。行星的圆盘会周期性地消失在薄雾和云层中，然后又再次于视野中出现。你会很惊讶地发现，你认为可能是无法观测的夜晚竟然产生了一些更好的观测结果。你可以阅读与天气相关的书籍并注意不同的天气条件会如何影响你所在地区的视宁度。记录下你所在地的天气情况，并尽可能地记住什么样的天气变化能带来好的观测条件。

/ 第九章 /

观测记录

某些时候，如果你也和大多数业余天文爱好者一样，你就会想要记录下你通过望远镜所看到的内容。我们都无法抗拒记录下自己看到的所有美好事物的愿望，但是要怎么做呢？你们中的许多人首先会去尝试画出所看到的内容，然后你就会好奇简单的胶卷相机是否能做到这一点，最后通过四处搜索，你就会发现如今人们使用的十分复杂的成像设备。那么，你该如何开始呢？这就是我们接下来要讨论的话题。

9.1 | 绘制一张木星图片

　　如果你想认真研究木星，你应当尽可能多地对它进行观测。只有当你实时把握木星上的状况时，你才有希望识别出其发生的细微变化。如果只是偶尔观测，那么你将永远无法知道你看到的东西是否有意义，也无法知道某个事件是从何时开始，或是已经进行了多长时间。

　　绘制或勾勒出你通过望远镜所看到的景象，是记录观测结果最古老、最简单的方法。即使在如今这个科技快速发展的世界，以肉眼为探测器、以纸和笔做记录仍然是人人都可以用的一种低成本但简单有效的方法。像卡洛斯·埃尔南德斯（Carlos Hernandez）、约翰·罗杰斯、克劳斯·本宁霍文（Claus Benninghoven）和史蒂芬·詹姆斯·奥马拉（Stephen James

O'Meara）这样视觉非常敏锐的现代观测者，可以仅用肉眼和高质量的望远镜就准确地记录下惊人的细节，其效果甚至不一定比CCD相机差。实际上，在胶片摄影的时代，肉眼总是要比胶片能捕捉到更多行星的细节。通过绘图来研究木星还有其他作用：绘制行星的过程能促使你成为更好的观测者；能够训练肉眼去观察精细的细节，并训练大脑去记住所看到的内容。不知何故，画出我们所看到的内容这样的简单行为似乎能提高我们的智力水平。即便你觉得自己不擅长绘画，你也应该尝试一下。事实上，有些技巧甚至能够帮助初学者。请记住，记录我们所见不仅是一件愉快的事，我们也在努力使这份记录具有科学价值。

木星的绘图应当要呈现出通过望远镜观测到的行星的正常形态，其南极倒转于顶部。这在牛顿反射望远镜中能很容易地观察到。但是，折射望远镜和施密特－卡塞格林望远镜一般配有天顶镜，使得观测者更容易观测天顶附近的目标。使用这种天顶镜会使望远镜中的光路多一次额外的反射，这种奇数次的额外反射会给我们带来南面朝下、东西颠倒的视场。你应该避免使用天顶镜，并以正确的方式进行绘制，这样南面就处于上方。如果你坚持要使用天顶镜，那么在观测记录上必须注明这点，并在图上标明从天顶镜看到的东南西北的方位。

我们必须记住，绘图不是照片或数字图像，因而它是主观的，是我们通过眼睛和大脑感知，并用双手记录的。因此作为观测者，我们必须如实地记录真正看到的东西，并只绘制出我们能看得到的细节；绝对不能记录我们臆想自己所看到的，更重要的是，不能记录我们希望看到的或认为自己应该看到的东西。不合事实的观测总会被发现，观测者的诚信将因此而毁。在科学领域，失去的学术诚信很难重建。有时，记录一个"疑似"的特征是可以被接受的，但这种情况必须在数据中明确注明。尽管胶片没有能力捕捉到精细的细节，但它的优势之一就在于能够客观、公正地记录行星外观。我们会在稍后讨论胶片的使用。

总共有两种基本的绘图类型——全盘绘图和条纹草图。

9.2 ┃ 全盘绘图

在进行全盘绘图时，整个过程应该遵照一系列的逻辑步骤来完成。首先，使用一张已经印有木星圆盘轮廓的观测记录表（图9.1）。练习画出完美的圆盘并没有什么科学价值，你的观测时间可以更好地花在绘制细节上。英国天文协会与国际月球和行星观测者协会都提供了任何人都能获取和使用的观测记录表。可以将记录表复制到较重的绘图纸上，避免夜间结露和难免的擦除造成的麻烦。这种记录表还可以用来记录有关时间、天气、视宁度和透明度、所用望远镜、目镜、滤光片及观测地点等数据。要想提高观测的置信度，所有这些信息都非常重要。在众多种类中选择合适的美术铅笔也很有帮助，除此之外还需要挑选好的用于涂抹的纸擦笔和能够擦除干净的美术橡皮。

在开始绘图之前，你首先应当对木星进行几分钟的观测，注意其存在的特征。请务必有耐心，并尝试不同的放大倍率和不同的滤光片，看看木星会呈现出什么样的外观。还请务必找到一个舒适的观测位置（图9.2），为一场冒险做好准备！

由于木星绕轴自转非常快，因此在短短20分钟内就可以明显看出，随着木星的自转，各种特征会在其圆盘上移动！因此绘图必须在20分钟或者更短的时间内完成。这项任务看似艰巨，却是可以完成的。如果绘图花费了超过20分钟的时间，那么特征的位置就会歪斜且不准确。

有了手头的记录表，就可以从勾勒出南北赤道带的位置开始绘图。将这些带画在图中准确的位置非常关键，不过可能有点棘

Association of Lunar and Planetary Observers
Jupiter Section Observing Form

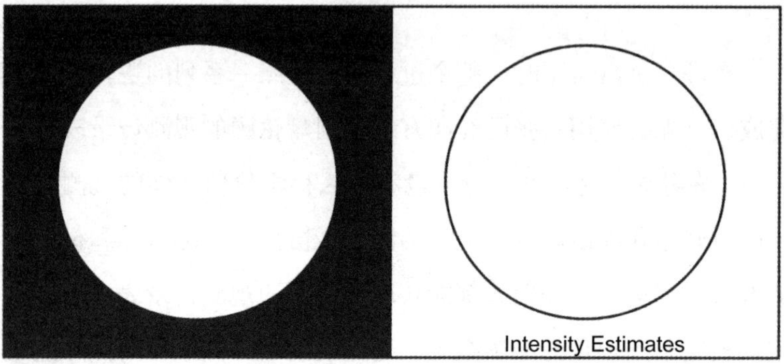

Intensity Estimates

Date (U.T.):_____ Begin (U.T.):_____ End (U.T.):_____

Name:_____ Observing site:_____

Address:_____

Telescope:____ f/ ____(in. / cm ; RL / RR / SC Magnification:_____

Filters:_____ Seeing: (1–10)_____ or (I - V): _____

Transparency:____(clear / haze / int. clouds) E-mail (optional):_____

No.	Time (U.T.)	System I	System II	Remarks

Notes

_____

_____

_____

_____

_____

(Continue on back if needed)

图 9.1 一张观测记录表，用来绘制木星全盘图并记录估测的强度和中央子午线凌星时间的特征。图片源自国际月球和行星观测者协会。

手。如果赤道带定位不当，可能会对绘制剩余部分其他特征的后续位置造成不利影响。伯特兰·皮克评价了赤道带这个关键的位置并写道："……在绘图时必须以明显的标记作为基准点，以便将较模糊的细节与之关联。笔者（皮克）承认自己一直不太愿意手绘木星，除非手边有最近的一些纬度测量数据，以确保自己能将至少四个主要的带画在距离盘中央正确的位置。有的制图员个人会倾向于将绘制对象画在离行星中心过远的地方，而也有人倾向于画得更集中一些。因此，明智的做法是诉诸一切正当的手段来获得合理的准确度[512]。"

图 9.2　作者于傍晚通过望远镜绘制木星圆盘图并记录凌星时间。

我经常使用带有十字线图案刻度的目镜来测量木星的圆盘，并根据十字线图案来记录各个带的位置。为此，首先要从一个极点到另一个极点测量木星，查看两者间距的刻度数，并将该刻度数记录到一张观测记录表上。接着，根据十字线轻轻勾勒出带的位置。最后，对照着观测记录表回到目镜，确保你对所画带的位置满意。这张表现在就可以作为一个母版表格，在未来的观测记录中可以直接在所画的带内勾勒。通常，这些测量值可以使用几个月。在木星出现期可以多次通过带有十字线图案刻度的目镜对其进行测量。一旦画准了带在记录表上的位置，其他大型特征就应该被相互关联地勾画出来，也可以画出部分特征的明暗深浅。

接下来，应根据大型特征的位置绘制可见的较小特征。这个时候你应该已经接近 20 分钟时间的尾声了。到目前为止，你可能已经通过红色、绿色和蓝色滤光片进行了观测。

最后，可以给所有已经绘制的特征添加细节，包括准确表现出特征的明暗等。

在剩余的几分钟里，将绘图与望远镜视图进行比较，确保绘图准确无误。以世界时记下绘图的结束时间，这非常重要。

现在，你就可以放松并记录观测所需的其他数据（图 9.3）。每张绘图都须包含一些有关你所做观测的标准信息。举例来说，国际月球和行星观测者协会观测记录表包含以下信息：

1. 观测者的姓名。

2. 进行观测的地点及观测者的地址（联系方式）。

3. 以世界时记录的观测日期和时间。因为全世界的天文学家都可能对你的数据有兴趣，而不同国家的人有不同的日期记录格式，所以以一种不会混淆的方式记录这个日期和时间非常重要。我一直是这样记录的：2004 年 8 月 5 日 /12:15 U.T.（日期也必须符合世界时）。

4. 望远镜的类型及其孔径。

5. 观测中所用的放大倍率。

6. 所用滤光片（如有使用）。

7. 视宁度及透明度。

8. 以世界时记录的观测的起始时间。

9. 观测或绘制结束时木星中央子午线的经度。

10. 有关观测条件的其他信息，例如薄雾、风、间歇性云的存在，以及其他观测者认为可以帮助读者充分理解观测和绘图的任何描述性信息。

对于初学者来说，一张仅用 20 分钟就完成的绘图上所需记录的数据量似乎过于庞大。但事实上，如果没有了这些信息，那么先前做的绘图几乎一文不值。除去绘图的准确性，这些信息就是观测中最重要的部分了。它使得一次观测能成为木星历史记录的一部分，并且能够帮助其他科学家评估自己的数据，这是科研非常重要的一环。这些信息还能帮助他人评估观测的置信度。在有利条件下利用合适的设备进行的观测，显然要比在不可能的条件下用由于太小而不够显示所记录的特征的望远镜观测更加可信。因此无论如何，请记录你观测所需要的信息，这样他人才能信赖你的成果。

正如我们将看到的那样，无论你采用哪种类型的观测或成像，这些信息都是必需的。

Association of Lunar and Planetary Observers
Jupiter Section Observing Form

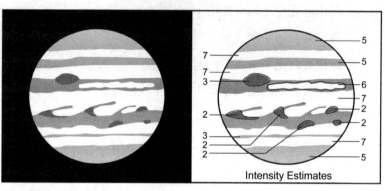

Intensity Estimates

Date (U.T.):___2000 Nov 28_____   Begin (U.T.):___4:52____ End (U.T.):___5:12___

Name:___John W Mcanally_____   Observing site:_____

Address:_____

Telescope:__8__ f/ __10__ (in.) / cm ; RL / RR / SC Magnification:___163x, 200x, 254x_____

Filters:___W8, W21, W80A_____   Seeing: (1–10)__7___ or (I - V): _____

Transparency:__6__ (clear)/ haze / int. clouds)   E-mail (optional):_____

No.	Time (U.T.)	System I	System II	Remarks
102	0406	93°		DC, base festoon, NEBS
103	0409		60°	DP, GRS
104	0455		88°	DF, GRS
105	0505	128°		DC, base festoon, NEBS
106	0634		148°	DC, cond., NEBN

Notes

NEB & SEB - Reddish brown
NTB - Gray with hint of Reddish brown
GRS - Light orange salmon
NPR & SPR - Light gray
EZ - Brightest zone

(Continue on back if needed)

图 9.3　一张完成的全盘绘图及相关信息

9.3 | 条纹草图

条纹草图与全盘绘图大体上相似，但在一个重要方面有所不同（图9.4）。在绘制条纹草图时，观测者只关注相对较窄的纬度范围，并不会画出整个圆盘。如此一来，条纹草图能使你更详细地关注木星圆盘特定的部分，因为你无须将宝贵的观测和绘图时间花在木星整体上。

举例而言，条纹草图可以只记录木星从南赤道带南部到北赤道带北部的一部分，可以横跨整个木星的宽度，也可以只选取其中某一部分。如有需要，条纹草图的范围还能更小，比如只覆盖大红斑及其周围地区，这样你能更好地关注其中的细节。菲利浦·布丁称之为"部分草图"，它们只覆盖木星一小段经向范围。又或者，可以进行数小时的条纹草图绘制，随着夜间木星自转对其进行连续的记录。当采用后一种方法时，草图可以和中央子午线凌星计时结合起来，给草图中的特征标注出经度，这一点我们将在稍后讨论。最近，克劳斯·本宁霍文和克莱·谢罗德在绘制条纹草图方面展示出了高超的技巧，可以与CCD相机相媲美。

要绘制条纹草图，应遵循制作全盘绘图时提到的所有规则。对正在绘制的部分观测时间要限制在20分钟以内，首先记录大型特征，再根据大型特征画出较小的特征，最后通过望远镜中的视图检查所画草图的准确性。国际月球和行星观测者协会也提供了条纹草图的观测记录表。前面在全盘绘图中提到的相同数据也应该记录在条纹草图中。

Association of Lunar and Planetary Observers
Jupiter Section Strip Map

Date (U.T.):_____ Begin (U.T.):_____ End (U.T.):_____

Name:_____ Observing site:_____

Address:_____

Telescope:____ f/ ____(in. / cm ; RL / RR / SC Magnification:_____

Filters:_____ Seeing: (1–10)_____ or (I - V): _____

Transparency:____(clear / haze / int. clouds) E-mail (optional):_____

No.	Time (U.T.)	System (I)	System (II)	Remarks

图 9.4 绘制木星条纹草图及记录凌星时间的观测记录表。图片源自国际月球和行星观测者协会。

9.4 估测强度

在绘制木星图时，观测者还可以估测所记录的特征的强度。虽然绘图的价值在于它能够提供视觉上的木星外观记录，但强度估测提供了实际上可以量化的数据来源。这是业余天文爱好者所能收集的非常重要的数据。专业人士发现，长久以来记录的这些数据对他们自己的研究很有价值。

观测记录表也可以记录估测的强度（图9.1）。国际月球和行星观测者协会使用的观测记录表在用来绘制的木星圆盘旁边提供了一个单独的圆盘。强度通常指的是特征的相对暗度或亮度。国际月球和行星观测者协会采用一套数字标度来表示所见特征的相对强度。

国际月球和行星观测者协会强度标度从0~10编号，其中0表示最暗的特征，10表示最亮的特征。许多年前，菲利浦·布丁将这些强度值表述为：

10 异常明亮区

9 极亮区

8 超亮区

7 明亮区

6 略带阴影区

5 暗区

4 昏暗极带

3 暗带

2 超暗带

1 极暗带

0 全黑，行星阴影区

通过运用这个标度，可以估测带和区以及个体特征（如冷凝体、垂饰物和明亮的椭圆）的相对亮度（图 9.3）。

你可以凭经验非常准确地估测特征的强度。进行强度估测的能力肯定会随着实践练习提高，但可能会令初学者望而生畏，因为他们不知道如何入门。以我自己的经验来说，我发现在至少最近几次木星出现期中，北赤道带的总体强度在 3，北赤道区的相对亮度在 7。沿着北赤道带北缘的冷凝体强度为 2，镶嵌在北赤道带中的明亮椭圆强度为 7.5~8，等等。你不应该以任何先入为主的观念来进行强度估计，但我的经验或许能为初学者上手提供一些帮助。

标度的应用肯定是主观的，一个观测者估测的某个特征的强度可能比另一个观测者稍微亮一些。但是，通过练习，当你熟悉木星的外观后，你可以学着更加统一地运用这些标度。尽管存在这种主观性，强度标度和简单的文字描述相比，是更加定量和准确的方法，后者充其量也只是相当模糊或模棱两可的。这个量化的标度还有一个主要优势——我们可以随着时间的推移对其进行统计分析。虽然存在主观性，但当统计分析中包含了同一木星出现期的大量观测者的强度估测时，个人偏见的影响就微乎其微了。

9.5 中央子午线凌星计时

在所有的目视观测中，中央子午线凌星计时是业余天文爱好者所能做的最有价值的观测。由中央子午线凌星计时产生的数据对专业团队来说极为重要，因为它相比于其他业余天文爱好者给出的结果，可以帮助科学家们理解木星风气流、急流和天气。在这一方面，业余天文爱好者的确做出了非常有意义的贡献。

如果操作得当，中央子午线凌星计时可以提供木星云顶中特征的经向位置的数据。通过记录特征随时间变化的位置，就可以确定木星各个纬度风气流和急流的速度。我们所需要的只是一台稳定的望远镜、一个准确的计时器，以及足够的耐心和专注。凌星计时很容易完成，但需要先了解一些基本原理。

中央子午线是一条假想的线，它从木星北极延伸至南极，将木星平分（图 2.1）。与地球一样，木星被分为 360 度的东西经度。通过参考星历，可以在任意给定时刻（精确到分钟），确定木星中央子午线的经度。对于在中央子午线上观测到的特征，如果我们确定了中央子午线的经度，我们也就确定了该特征在该日期和时间的经度。就是这么简单！

一些进阶的业余天文爱好者可能会使用动丝测微计来标记中央子午线。但实在没有必要采用这种昂贵的器材。多年来，我一直只用肉眼进行测量。我只对中央子午线进行简单的视觉估测，注意观察穿过我假想的子午线上的特征。通过练习，便有可能在这方面变得相当出色，并且看到自己的计时与世界各地的其他观测者一致，这是一件非常令人满足的事情！

当然，留意观测穿过中央子午线的特征也有点主观。一个观测者可能会觉得不确定并延迟了几分钟凌星标记，从而造成错误。那么有什么方法可以尽量避免这个问题呢？菲利普·布丁，这位前国际月球和行星观测者协会木星部门协调员推荐了一种被我称为"三分钟法则"的方法。简而言之，人眼对中央子午线上的物体最多有三分钟的感知时间，在进行凌星计时时，如果你记下特征首次出现在中央子午线的时间，然后再记下特征不再明显处于中央子午线的时间，那么这两个时间的平均值通常被证实是凌星的最佳估测。我一直使用"三分钟法则"，得到的结果都很可靠。我们的目标是记录凌星精确到分钟的时间。因此，我们需要计时器或其他能将时间精确到30秒的方法，比如短波收音机上的报时信号。当我使用手表时，我总是先将其设置成短波的报时信号。

当然，我们需要把刚刚做的凌星计时记录下来，用来制作草图的观测记录表提供了记录凌星时间的位置，国际月球和行星观测者协会的记录表也留有记录。再次强调，记录凌星的日期和时间必须采用世界时。特征的经度也应该酌情以系统Ⅰ或系统Ⅱ记录。正如前文所述，在视觉上木星有两个自转系统——系统Ⅰ和系统Ⅱ。

我们还应对记录观测到的特征进行清晰、直接的描述。菲利普·布丁开创了一套以准确性和简洁性著称的命名系统。这个命名系统已经在本书第二章中讨论过。这种方法如果使用得当，就能对特征进行简洁而精准的描述，包括它在木星带和区之间的位置（表2.2及2.3）。例如，在北赤道带北缘观测到的穿过中央子午线的暗冷凝体中心可以这样来描述："Dc, sm cond., n edge NEB。"与之相似，南温带中心观测到的明亮椭圆中心可以描述为："Wc, oval, center STB。"所用的描述以D代表黑暗，W代表白色，p 代表前缘，c 代表中心，f 代表后随。这些特征的系统 I 或系统 II 经度以及凌星的世界时也要和这些描述性短语一起记录。系统 I 或系统 II 经度可以在稍后查询星历表后确定并记录至观测表中。如今有多种多样的途径来获取星历表，比如在喷气推进实验室的网站上。此外，还有一些可用的计算机程序，可以在输入世界时日期和时间后计算出中央子午线的经度。

我在望远镜旁度过了很多美好的夜晚，看着木星自转，一小时又一小时地记录凌星时间，充满了成就感，因为我知道我收集的数据将对木星研究有价值；并且等待下一个特征从木星的边缘出现，还有一种类似狩猎的感觉。我总会期待接下来会出现什么！

9.6 ┃ 漂移图表

在记录了一系列中央子午线凌星时间后，将这些位置绘制到图表上将会非常有用，这样一来就能确定特征的漂移率。漂移图表也有助于我们了解特征之间相互的关系，并帮助我们预测它们未来的行为和位置。因此，"漂移图表"是木星出现期的科学记录中十分重要的部分。漂移图表也被称作"漂移线图"。

要手动完成漂移图，请根据观测日期在图表上加入特征的经度。我们发现，通常以纵轴表示日期，横轴表示经度时，图表最容易解读。在办公用品店买得到的任何方格纸基本都适用。方格纸应具有足够多的刻度，这样即使在线条之间插值时，也能相对容易地沿纸的上边缘精确到度画出经度。沿着纸张左侧边缘竖直向下，通常大约每月留两英寸的宽度，就能为精确地表示一个月中的日期提供足够的空间。稍加练习，创建图表就会变得很容易。由于木星的一次出现期会持续几个月，我们后续可能需要添加页面。你也可以用软件程序来测量图像。"Jupos"是一款功能出色的软件，在网上一搜就能轻松找到它。

典型的漂移图表如下图所示（图 9.5）。在这里，我们看到特征随着时间的推移漂移至经度更小的地方，使绘图看起来呈一条斜线。有时特征可能会以不同的速度漂移，或者可能会完全暂停一小段时间，又或者可能会加速，因此需要有足量的观测结果，我们才能对生成的图表抱有信心。观测结果太少的图表可信度不高，尤其是当结果呈现出漂移率的变化时。如果观测结果太少，就无法确定特征是否真的在加速或减速，或者是否只是中央子午线计时本身存在错误。大量的观测数据能抵消时间上的随机误差。如图所示，我喜欢以散点图的形式绘制观测结果，然后利用最小二乘法，通过绘图构建一条线来解读特征的漂移率。我觉得画出所有的时间很重要，因为这可以让读者看到收集的原始数据及其拟合的方式，从而增加图表的置信度。以这种直观的方式呈现数据简洁又直接，任何阅读图表的人都能依此判断观测的偏差并了解记录的数据量是否充足。过去，一些观测者因其所画的图表无法看到所有内容而被批评，他们只简单地展示了拟合的漂移线本身，而这似乎阻碍了对其工作的仔细检查。我认为画出所有的观测结果更可取，也更可信，就像下图所示的那样。图 9.5 显示出一个明亮的椭圆——椭圆 BA——追上并越过了大红斑这一暗特征。

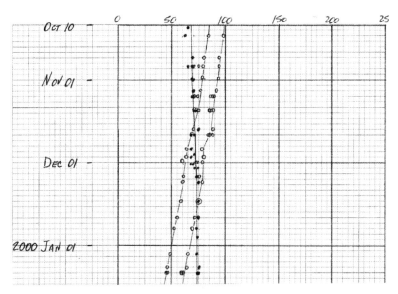

图 9.5　作者为减少凌星时间数据而创建的漂移图表。这张图表描绘了大红斑以及南温带椭圆 BE 和 FA 的关系。注意椭圆在接近并越过大红斑时的漂移率是如何变化的。

由于木星自转率有系统 I 和系统 II 之分，因此使用多张图表把相似的特征放到一起会很有帮助。例如，一张图表可能显示从南赤道带中部到南南温带带（系统 II）纬度的特征数据，或者涵盖的是北赤道带南缘到南赤道带北缘（系统 I）地区，等等。我通常会将特征作图划分得更细，以避免图表内容过于拥挤。可以观测和测量的最迷人的特征活动要数大红斑、南温带椭圆 BA，以及南南温带带的较小椭圆。近几年来，大红斑相对平稳，椭圆 BA 的数据作图显示它正在追上并超越大红斑。当椭圆 BA 在穿过大红斑时，其漂移率受到了大红斑的影响，这一点在绘制的漂移图表上可以很容易看出。同样，南南温带带椭圆的活动也令人着迷。但更重要的是，我们所收集的数据非常关键。我之前曾提到过 1998 年南温带暗斑的故事，正是漂移图表上绘制的凌星计时使我们注意到了一个全新的重要特征。

我还想准备将凌星计时的日期、经度、观测者姓名和漂移图表印在一起的表格。当研究发表时，通常要展示出观测是如何进行的、使用的设备，以及为得出结果所收集的数据。同样，我相信以这种方式发布数据有助于为天文学界提供完整的信息。

一旦在漂移图表上画出了凌星现象，就可以计算该纬度处特征的旋转速率，从而确定该木星出现期观测到的气流和急流速度。在木星一次次的出现期中收集这些数据，就可以确定其行为模式。有了这些信息，科学家们就能创建计算机模型来分析木星上大气的状况。

9.7 颜色的观测和估测

在第三章中，我们讨论了对木星大气颜色的观测，我推荐读者再次阅读该部分的内容。我们讨论了颜色观测的主观性和不准确性，以及我们的一些先辈——那些业余天文爱好者界的中坚人物——是如何处理这个问题的。尽管困难重重，但我必须承认，对木星大气色彩的研究是这颗行星最令人愉快且最有趣的地方之一，也是我对木星热情的来源。

木星大气的颜色对比非常细微。你可能很难分辨出不同深浅的灰色、棕色、雪白色以及赭色。我们也已经讨论过大红斑为什么不那么红，至少目前是如此！那么，如果确定颜色如此困难且充满主观性，这么做又有什么用处呢？

我相信，就像绘制木星那样，对颜色的研究可以训练眼睛看东西的能力。它能提升我们的技能并使我们成为更好的观测者。它能将细致、诚实的观测者训练得更加注重其观测的完整性。久而久之，以同样的方式观测大气颜色，可以获得与木星大气趋势相关的有用数据。我们提到过木星赤道带的"着色事件"，我们也讨论了南赤道带的消退和"复苏"，以及随之而来的大红斑强度的变化，还有带的褪色又恢复。如果我们不讨论颜色，就无法探讨所有这些事件。木星的悠久历史中充满了过去观测者们对颜色的讨论。似乎对木星大气颜色的讨论在人们心中根深蒂固，我们应该承认这一点。

我习惯于在木星观测记录表上记录木星带、区及其他个体特征的颜色。我通常在进行强度估测时顺带观察颜色。我发现颜色估测与强度估测一样，在较低放大倍数、多色光（也就是不使用滤光片）的情况下最好操作。使用星特朗（Celestron）C8 时，我通常在不超过 175 倍的放大倍率下进行测量。如果使用 12 英寸的设备，我会选择用更高的放大倍率。过高的放大倍率会导致图像变暗，且颜色会扩散或稀释。颜色的强度需要足够强，这样肉眼才能对其色彩和强度做出合理的估测。我还喜欢将此信息记录在我的观测日志中，这本日志包含我所有的天文观测（包括对非行星的观测）的记录。虽然颜色观测是主观的，但说不定哪一天，我们记录下的颜色会成为某个特定夜晚记录的最重要的信息。

9.8 | 运用摄影来研究木星

每一个严谨的木星观测者都会被摄影的魅力吸引，并渴望以这种更客观的方式来记录木星的外观。在我小的时候，我就幻想过某一天我能拥有一台特殊的35毫米相机，我可以用胶片来捕捉恒星和行星。从那以后，我确实这样做了，但我发现事实其实有些令人沮丧。我知道这对你们已经在天文学里摸索到这个神奇阶段的人来说，听起来一定感到惊讶和失望，但这是真的。

虽然胶片作为记录媒介是完全客观的，但它也有缺点。我们之前讨论的视宁度会严重影响胶片摄影，特别是当我们试图捕捉木星上微小特征的小细节时。在老的教科书中可以找到用帕洛马山天文台的5米（200英寸）海尔望远镜通过当时的摄影底片拍摄的木星、土星和火星的照片。虽然这些照片显示了更大、更明显的反射率特征，但是人眼只需通过更小的望远镜就能观测到更多的细节。这些帕洛马山天文台的照片就是受到了视宁度的影响。

与相机可以置于望远镜主焦点的恒星和星际天体的深空摄影不同，行星摄影需要一定量的"目镜投影"，这样才能使胶片上的图像足够大，以便以令人满意的分辨率记录行星细节。为了实现这种投影，要先将目镜置于相机前，再在相机和目镜之间使用一个增焦镜，使得相机的胶片平面与目镜保持一定的距离，从而在胶片上投影出一个放大了的图像。木星是一个明亮的天体，通常在中高等放大倍率下就能观测它。但是当图像被放大投影到胶片上时，放大的操作会使得图像的光线分散，同时降低其亮度。

这就需要我们延长曝光时间，以便在胶片上捕捉到足够亮的图像，而这就是问题所在。当我们增加曝光时间时，较差的视宁度就可能会影响我们拍摄的图像，使之变得模糊。拍摄放大的木星图像所需的曝光时间范围在 1~3 秒，甚至可能更长。在 3 秒或更长的曝光时间内，空气中气流的波动会抹去我们想要记录的微小细节。有一些现代的快速胶片可以减少曝光时间，但是通常来说，胶片感光越快，感光胶的显影颗粒就越粗糙，而这种粗糙则会降低胶片记录微小细节的能力。

唐纳德·帕克是世界知名的业余行星摄影师，他在 20 世纪 60 年代 CCD 相机出现之前，成功地使用了胶片摄影。唐纳德使用胶片机拍摄出了当时最棒的一些木星照片，但是，他也无法通过相机捕捉到所有人眼能看到的东西。

使用胶片进行天体摄影一直让我感到非常兴奋，每个业余天文爱好者都应该尝试一下。我看过一些业余天文爱好者在近乎完美的视宁度条件下拍摄的木星胶片影像，效果好得令人惊讶。但我们也要做好失望的心理准备，准备好在暗室中为了尽可能多地显示出细节而进行大量工作，努力提高最终照片的对比度。关于这一话题有许多好书值得收藏。请记住，在绘制木星时记录的信息在摄影时同样也应该记录，包括有关胶片、相机和曝光的信息。

幸运的是，随着科技的进步，我们已经可以通过 CCD 相机和网络摄像机解决行星摄影的这些问题。

9.9 ┃ CCD 成像

对于业余天文爱好者来说，平价的 CCD 相机的发展对于科学的进步非常重要，其重要性可以和大型望远镜及高速摄影胶片对过去天文学家的重要性相媲美。根据一位专长于仪器设备的专业天文学家的说法，CCD 相机使得业余天文爱好者能够完成与 20 世纪 70 年代的专业天文学家一样好，甚至更好的工作。

现在有很多关于 CCD 成像的书籍，这些书都是真正的专家所写，其中详细讨论了 CCD 成像。很多书的作者都是非常优秀的学者，因此我建议你参考他们的作品以及他们对 CCD 成像的认识。最好的书之一是"帕特里克·摩尔系列丛书"中的一本，由大卫·拉特利奇（David Ratledge）主编，书名为《CCD 天文的艺术与科学》（*The Art and Science of CCD Astronomy*）。数位才华横溢的 CCD 摄影师都参与了此书的制作，我强烈推荐这本书。你从他们那里能学到的东西要比我在这几页内教给你的多得多。但是，讨论 CCD 成像相较于胶片的优势以及 CCD 成像能获得的成果对于我们很有帮助。

与感光胶片一样，CCD 图像绝对客观地记录了木星的物理外观及其特征的位置。其特征位置非常重要！CCD 相机非常灵敏，它只需要胶片所需曝光时间的一小部分就能拍摄一张图片，从而有效地锁定图像。因此，CCD 图像受视宁度的影响要比胶片图像少得多。感光胶片最多只能捕捉到 3%~5% 落在其上的光，而 CCD 芯片能捕捉到 30%~50% 的入射光，相比之下 CCD 相机在聚光能力上有了巨大的提升 [513]。

"CCD" 代表电荷耦合器件（charge coupled device）。CCD 是硅芯片，最早它是作为存储设备而被开发的，后来人们发现硅芯片对光很敏感。虽然硅芯片通常封装在黑色的塑料外壳内以防止光线进入，但在制造 CCD 芯片时会在其顶部留有一个开口来让光线进入。硅对可见光和红外光很敏感。这里的敏感是指它会将入射光（光子）转换成电荷（电子）。CCD 运作的曝光部分被划分成行列矩阵中的感光单元或像素。每个感光单元将光（光子）转化成电子并储存起来，直到曝光结束。产生的光子数与光强成正比，这些感光单元实际上会计算光子撞击它们时产生的电子数。芯片取代了相机中的胶片，CCD 相机的其余部分包含了用于记录和数字化信号的电子设备，以及一个用于维持低温的冷却系统 [514]。你家中的电子摄像机或静物照相机就包含一块小型 CCD 芯片，它可能只有 1/8 平方英寸大。哈勃太空望远镜采用了一个相当复杂的大型 CCD 芯片。这里的一个当地业余天文台拥有一台用于天文观测的 CCD 相机，其芯片大小为 1 平方英寸。如你所料，芯片越大的相机价格越高。一直以来，大部分用于天文观测的 CCD 相机都没有和 35 毫米胶片底片一样大的芯片（虽然现在是有这种尺寸的）。因此，它们无法拍摄如胶片相机那样宽的视场。但是对于行星成像，我们并不在意这一点，一块小的芯片就足够我们使用了。

用于天文观测的 CCD 相机没有相机镜头。相对地，它配备了一个类似于目镜的镜筒，并将其置于望远镜的目镜支架上，就好比把一台使用 35 毫米胶片的相机的机身连接到望远镜，以进行主焦或目镜投影摄影。与胶片相机一样，CCD 相机可以进行长时间曝光或短时曝光。因此，CCD 相机既适用于拍摄暗淡的深空图像，也适用于拍摄行星图像。

与 CCD 相机有关的书籍指出，将像素大小与望远镜产生的图像尺寸相匹配非常重要。一旦拍摄好了图像，剩下的问题就是在电脑上对其进行处理，以在完成图中显示出细节。唐纳德·帕克指出，虽然原始的 CCD 图像需要进一步的处理，但与天体摄影师过去在暗室里花费数小时琢磨光线和化学用品相比，用计算机工作还是更有优势的！

因为 CCD 相机要比胶片灵敏得多，行星成像的曝光时间便能大大减少。不像感光胶片要花费数秒钟的时间，获得一张 CCD 图像只需要一秒甚至更短的时间，这提高了相机锁定图像的能力。大部分 CCD 相机只能拍摄黑白图像。要获取彩色的图像，须通过红色、绿色和蓝色的滤光片分别进行曝光，然后使用计算机图像处理软件将这三种图像组合起来。因为要把这些图像组合或堆叠，所以很重要的一点是在三次曝光之间不能有太多延迟。请记住，木星的自转非常快，因此下载时间快的 CCD 相机更有优势。随着能将图像自动对齐和堆叠的软件的出现，许多 CCD 相机使用者都会拍摄多张（十几张甚至百张）照片，并将它们堆叠起来。这种多个图像的堆叠与对齐完成了几件重要的事情。多张图像堆叠增加了图像的密度，从而使图像有了更高的对比度和分辨率。如今一些技巧高超的业余爱好者拍摄的木星 CCD 图像质量能与"旅行者号"相媲美了！特别精湛的图像能展示出大量的细节。一些业余爱好者拍摄的 CCD 图像甚至捕捉到了木卫三和木卫一的表面特征。

虽然现在的 CCD 相机已经平价得多，但真正好的那些仍然非常昂贵。一台质量过关的 CCD 相机至少要花费几百美元，而特别好的则要花费好几千美元。对于能负担得起的人来说，它会是一个很棒的研究工具。

9.10 网络摄像机成像

　　平价 CCD 相机的发展对于负担得起的业余天文爱好者来说是一个非常大的进步。就在事情看似好得不能再好的时候，另一款更加实惠的相机又出现了，它可以帮助我们中剩下的人更好地进行观测。如今，这个不起眼的小网络摄像机终于使得数字图像对于每一位业余天文爱好者来说都触手可及！值得注意的是，最近的一次火星出现期获得了有史以来最多的火星图像，这主要归功于高质量网络摄像机的出现。天文学界从未见过这样的东西！由于现在几乎每个业余爱好者都能负担得起一台网络摄像机，我们将会对网络摄像机成像进行细致的讨论。

　　网络摄像机最初是和计算机一起使用的，通过互联网进行实时通信。通过它，我们可以同时与亲友聊天和见面。网络摄像机可以生成实时的流媒体图像。不久之后，一些勤奋的业余天文爱好者想出了如何在天文领域利用网络摄像机拍摄明亮的天体（即行星）。如今，许多网络摄像机制造商都会提供相应的软件，使得网络摄像机可以通过望远镜拍摄图像。我个人最喜欢的网络摄像机是 Phillips ToUCam Pro（图 9.6）。这款相机配有合适的软件且镜筒内有螺纹结构，便于将相机插入望远镜的目镜架上（图 9.7）。

　　网络摄像机真正的好处在于可以产生彩色的图像，而且价格非常实惠，特别是与 CCD 相机相比。我的网络摄像机价格不到300 美元，还包括了软件和目镜筒！并且，它们对于行星成像来说也足够敏感。

网络摄像机用一块约 1/4 英寸或更小的小型 CCD 芯片来收集图像，收集的图像是一个 avi 格式的文件。通过提供的软件，这个图像流被分成若干单独的帧，并记录下帧数。可以为曝光指定快门速度，也可以调整相机的增益和对比度。增益和曝光时间决定了所拍摄的图片的亮度。我通常采用 50%~75% 的增益设置和 1/25 到 1/50 秒的快门速度。通过这个设置，即便是我的 8 英寸孔径的望远镜也呈现了细节惊人的木星图像。

通过将网络摄像机连接到我的笔记本电脑（图 9.8），仅需几秒钟的时间即可获得数百帧的数据。对我来说，在 30~40 秒内拍摄 500 帧并不罕见。网络摄像机甚至可以用在大型望远镜上！

单张原始图像能显示出数量惊人的细节，但需要经过处理才能真正发挥出最终图像的全部潜力。我们需要把帧与帧对齐并堆叠。幸运的是，软件就可以做到这一点；而且更棒的是，该软件是免费的！

有各种各样的软件可以用于对齐和堆叠图像，我更喜欢的一

图 9.6　一台 Phillips ToUCam Pro 网络摄像机，被用来拍摄月球和行星的图像。

图 9.7 安装在望远镜目镜架上准备摄像的网络摄像机。望远镜和相机之间插入了一个 2 倍巴罗透镜，使焦比增加到 f/20。

图 9.8 作者搭建的网络摄像机摄影配置，包括网络摄像机、笔记本电脑、望远镜、用于望远镜时钟驱动的便携式电源，以及最重要的用来记录图像数据的观测日志。

款软件是 Registax。这个软件很棒，是由荷兰的业余天文学家科尔·贝雷沃茨（Cor Berrevoets）编写的，并且免费向全世界提供 [515]。这是给天文学界的一份多么美妙的礼物！该软件可以通过互联网从制作人处获得，并附有完整的说明。它使用起来非常简单，其网址为 http://aberrator.astronomy.net/registax/。

要使用网络摄像机拍摄图像，请像进行目视观测那样设置好望远镜。虽然我看到过在不跟踪地球自转的多布森反射望远镜上成功使用网络摄像机的例子，但我更喜欢使用赤道仪承托的望远镜。我还会进行适当的极轴对齐，但我不会像在一小时深空曝光那样花那么多的时间校准，只要差不多对齐就足够了。网络摄像机可以记录非完美对齐的望远镜叠加的图像。不过，我更喜欢让极轴对齐更准确一些，因为这样可以减少赤纬漂移，从而使望远镜无须频繁调整即可使图像保持居中。在我再次调整之前，我希望图像可以停留在视场中心至少 10 分钟。通过这种方式，在对齐和堆叠的程序中就不需要在对齐上花那么多的工夫。请记住，我们想要拍摄的是尽可能清晰的图像，所以在设置望远镜时请多一点耐心。在成像作业之前提早架设望远镜也非常重要，这样望远镜才能适应外部的气温。望远镜镜筒内的气流会影响你捕获的图像质量。我通常在晚饭前就把望远镜架设在外面，这样通常可以预留足够的时间。

借用我的一架 8 英寸孔径、f/10 施密特 – 卡塞格林望远镜，让我们来模拟一次典型的成像作业。我将网络摄像机与运行成像软件的电脑接通。架设好望远镜使其稳定并进行极轴校准后，我用大约 80 倍的低倍目镜在望远镜视场中定位了木星，接着在望远镜端插入网络摄像机。通常，图像会失焦，这里我们需要有耐心，因为在背景天空的映衬下，对焦不准的图像在电脑屏幕上会显得很模糊，可能会难以辨认。通过一些实践练习，你就会知道要向哪个方向调整对焦，才能将图像聚焦到屏幕上。一旦我的电脑屏幕上出现了木星的图像，我就开始用望远镜的慢动作控制来使图像居中。现在我准备完成对焦，这一点可能有些棘手，因为触摸望远镜来调整对焦也可能会导致图像在电脑屏幕上跳动。一旦我接近了焦点，我就会开始非常轻微地移动镜头，在焦点前后来回调整，直到镜头到达焦点周围，并且我认为已经尽可能地靠近焦点了。如果使用三脚架，最好在望远镜的三脚架下使用缓震垫。电动对焦控制也是很方便的工具，因为它可以使你避免触碰望远镜。微风或气流都可能对成像作业造成严重的破坏。

此时，望远镜仍在 f/10 下工作。在 f/10 时，相机中的图像足够大，可以捕捉到木星圆盘上较大的特征。但是我们希望能有更多的细节。由于木星已经对焦且位于视场的中心，我将相机取下并将一个 2 倍巴罗透镜镜头插入相机前的望远镜中，这样望远镜就可以在 f/20 下工作。现在我就得到了一个更大的图像，并且能捕捉到更小的特征。我经常通过这种配置捕捉到小型南南温带带椭圆。一些业余天文爱好者在 f/40 下拍摄图像，并捕捉到了惊人的细节。但请记住，随着图像尺寸的增加，对焦和其他问题都会变得困难，但这样做可能是值得的，尤其是当视宁度特别好的时候。一旦有了清晰的对焦，就可以设置相机控件。单击"选项"来访问"属性"；点击"属性"，会出现设置相机成像所需的"视频属性"界面。在"图像控制"界面上，我通常将帧率设置为"25"，"亮度"设置在 25% 左右，"伽马"设为 45%，"饱和度"设在 50% 左右，并将"自动曝光"设为关闭。在"相机控制"界面，我会将"白平衡"设为自动；然后我将"快门速度"设在 1/25 至 1/50 秒之间，具体取决于视宁度条件；最后我将"增益"

从低到高设为 50%~75%。计算机屏幕上会显示实时的木星视图。如果这些控件设置得当，你就能很容易地在计算机屏幕上分辨出木星的带和区。如果你设置的图像太亮，你拍摄的图像会褪色且无法正确处理它。同样，图像也不能太暗。这些指导能帮助你入门，但你应该通过实践尝试来了解什么样的设置最适合你的望远镜。

现在是时候获取图像流了。关闭"视频属性"界面后单击"文件"，会出现"设置拍摄文件"；点击"设置拍摄文件"可以指定你将保存的图片文件。我喜欢在文件名中加上日期，这可以帮助你日后整理图像数据库。一旦指定完成，你可以返回并单击"拍摄"，然后点击"开始拍摄"，再点击"确认"，之后相机就会开始记录，帧计数器会显示拍摄的图像数量。avi 视频文件会很快占用大量存储空间。你会想拍摄大量的帧数，以便足够进行对齐和堆叠。但是实际上到一定程度后，额外的帧数并不会给你带来太多好处。我个人喜欢拍摄至少 500 帧。你可以随时通过单击"停止"按钮来手动停止图像拍摄进程，或者你也可以设置时间限制。我个人喜欢设置 30 秒的时限，这个时间限制通常会产生大约 500 帧图像。现在我有了一个大小在 300~400 兆的 avi 文件。

执行几次成像运行后，我们需要处理图像。有时候，我会在望远镜旁一边等待木星自转并呈现出新景象，一边进行图像处理。这样，我还可以确保我的相机设置在当时的视宁度等条件下适用。或者我也可以在之后任何空闲的时间处理图像。处理软件 Registax 是一个非常简单又好用的程序。原始图像通常能比观测者手绘捕捉到更多的细节，但是它们不会显示出隐藏于其中的细节。而 Registax 会对这些图像产生神奇的作用！

Registax 中的许多应用程序都与对齐、堆叠和处理 CCD 图像的程序相同。原始 avi 文件通过这些应用程序生成最终的详细图像。有可能会出现过度处理图像的情况，但是 Registax 允许你监控文件处理的进度，并且可以在保存最终图像前重复操作或更改。通过实践练习，你可以在短时间内熟练使用这个软件。

一旦 Registax 启动并运行，就和处理任何文件一样，你要转到文件夹，找到你的原始图像文件。点击"选择输入"可以让你转到你的文件夹以选择要处理的原始图像。点击你要处理的图像文件，然后点"打开"。现在原始图像就会出现在界面上。一旦 Registax 加载完图像，就能开始处理。你可以处理 avi 文件中的所有帧，或者你也可以选中"显示帧列表"来选择一部分图像。列表出现后，可以指定要进行处理的帧。请记住，我们需要足够的帧数才能获得对比度和分辨率达标、良好、密集的图像。通常我会将处理区域设置为 512 像素，将"对齐框像素"设置成足够大的数字，使得对齐框完全包围屏幕上的木星圆盘。通常，我将对齐框像素设为 256，屏幕上会出现一个白色十字，将这个十字移动到木星上你能辨认出来的一个特征上，比如一个亮斑或一个垂饰物；然后单击鼠标左键，就会出现"对齐"界面。现在你已经成功在木星盘上指定了一个对齐参考点，你可以准备设置对齐参数了。FFT[①]频谱框和"对正属性"框会和图像界面一同出现。此外，在"对齐"界面上会出现你需要设置的各种值。在"优化选项"下我通常将"优化至"设为 1%，"搜索区域"设为 2 像素，"较低质量"设为 80%。在"追踪选项"下我选中"追踪对象"。在另一个"选项"下选择"对齐过滤"并将其设为 5 像素。将"质

---

① Fast Fourier transform，快速傅里叶变换。

量滤带"设为起始 2 间隔 5。选择"使用对比",并将"重采样"设为 2.0 和"Bell"①。选择"自动优化"和"快速优化"。其他设置留空。现在你已经准备好对齐图像了。点击"对齐"按钮,一旦帧与帧对齐,程序会"优化"它们。"对正属性"框会显示这一步的进程,它会给出以最佳质量的帧为优先的帧顺序,并以图像方式表示实际对齐的接近程度。在我的设置下,我的笔记本电脑需要花 12 分钟左右的时间来对齐和优化 550 帧图像。这个对齐过程正如其名,它会处理你选择的所有帧,不管它们出现在相机视场中的什么位置,软件会"将它们拾起并移动,使得它们在每一帧上都处于相同的位置",利用木星上看到的特征来完成对齐。至少这是我所能设想的处理过程。处理完对齐后,就可以开始进行堆叠处理。

要开始堆叠过程,只需单击计算机屏幕上标有"堆叠"的选项卡,堆叠页面出现后,会显示出木星的图像以及一幅"堆叠图"。堆叠过程正如其名,它将所有图像堆叠或在通过数字化处理后添加在一起。我想你已经开始认识到 Registax 软件的优点了——对齐和堆叠多个图像可以平衡单个图像中的缺陷。此外,通过将数张图像叠加在一起,可以改善单张图像中较弱的颜色和对比度。

"堆叠图"用于选择将要叠放在一起的帧。此图像按质量顺序来表示帧,以横跨图顶部的水平红线表示质量从高到低的帧。这个曲线图可以显示出各帧质量下降的位置。在堆叠中消除低质量帧可以改善最终的图像,在图上从左向右移动"截断"条来进行选择。看起来像心电图的蓝线表示图像中对正或对齐的差异。

---

① 一种图像重采样方法,适用于噪声较大的图像。

水平蓝线可以垂直移动以设置对齐质量的上下限，这同样能改善最终呈现的图像。换句话说，我们只希望在最终的图像中出现质量和对齐都是最好的帧。在有了该软件的使用经验后，你将很快熟悉处理过程的这一部分。堆叠质量百分比和对正差异百分比显示在屏幕底部。一般来说，程序将默认选择最好的 101 帧进行堆叠。我通常先用这 101 帧做堆叠，并看看其结果如何。如果发现我需要更多的帧来得到理想的成品图像，我随时都可以返回并重复这部分处理。

一旦设置好满意的堆叠图，你可以通过点击"堆叠"按钮开始进行堆叠处理。堆叠过程开始，会出现一张"进度"图，倒数完成的堆叠百分比。以 101 帧为例，大概需要 2 分钟的时间。当堆叠过程完成后，屏幕上会出现一张大大改善了的图像。但是到此我们还没有完成，还有一个步骤叫作"小波处理"。点击屏幕顶部的"小波处理"选项卡，我们将移至下一步。

我认为，小波处理是图像处理中真正"神奇"的部分！这最后一步神奇地显示出，或者说锐化了隐藏在图像中的细节。通过操纵滑块来调整"层"设置以执行此锐化。随着每一层的调整，你会看到图像锐化，因此很容易从视觉上判断处理的有效性。这是该软件很有价值的一个功能，因为在这个阶段很容易过度处理。如果对最终成品图不满意，你可以很简单地返回并重新进行堆叠处理和小波处理。一旦你对最终图像感到满意了，你可以单击屏幕靠近右下角的"保存"按钮来保存它。这时候会弹出一个框，让你为图像文件命名并指定一个文件夹，点击此框中的"保存"，处理过程就大功告成了。如需进一步的参考，我推荐你阅读由该软件制作人科尔所撰写的关于 Registax 的杂志文章，它刊载于《天空与望远镜》杂志 2004 年 4 月那一期。该文章是对我在此处介绍的内容的更详尽的讨论。据我所知，Registax 版本 4 现在已经可以使用，并且我已经得到了关于它的好评报告。

当然，网络摄像机和 Registax 软件也可以用于月球和其他行星的观测。你很快就会意识到——正如成千上万的网络摄像机用户已经发现的那样——网络摄像机真的非常棒！相比于传统的用于天文观测的 CCD 相机，它用起来更容易、更快捷，并且价格也非常实惠！

9.11 使用 CCD 相机与网络摄像机图像

　　一旦你熟悉了 CCD 相机或网络摄像机的使用，你很快就能收集到大量精美的图像。拍摄和处理完美的图像会带来巨大的个人满足感，因为摄影的艺术方面显然是乐趣的一部分。但是，如果你希望你的图像不仅仅是漂亮的照片，那么你必须做一点科学处理并赋予它们意义。这就是这本书的主要目的——鼓励读者去研究木星并增加我们对这颗行星的了解。当然，你的图像会成为木星物理外观历史记录的一部分，但从这些图像上还可以收集更多的信息。为了使你的图像真正具有科学价值，需要对它们进行测量以确定木星圆盘上所见特征的位置。

　　之前我们讨论了通过中央子午线凌星计时来确定木星圆盘上所观测到的特征的经向位置。测量 CCD 相机和网络摄像机成像也有同样的作用，即随着时间的推移追踪特征。利用网络摄像机和 CCD 相机的图像，可以估算木星圆盘上特征的经度。

　　利用罗杰斯提到的一个扇形工具 [516]，如果已知图像拍摄时木星中央子午线的经度，便可以相对容易地确定木星盘上看到的任一特征的经度。再次声明，记录所有图像相关的信息非常重要，正如我们在为圆盘绘图或凌星计时时所做的那样。我们需要记录日期、精确到分钟的世界时时间、望远镜尺寸、焦比、视宁度条件、透明度和观测者的位置。此外，还应当记录有关图像处理的信息，包括使用的相机、滤光片（如有使用）、积分时间、帧数和帧速率，以及其他有助于用户了解图像呈现过程的任何信息。这些数据能为你的图像增加置信度，并使之变得有用。举例来说，没有日期和时间的图像对科学研究几乎毫无用处。

已知图像中木星的中央子午线，就可以用罗杰斯的工具来估测中央子午线两侧所见特征的经度。可以在计算机屏幕上检查图像，也可以将其打印出来。要使用该工具，请将其置于木星的图像上，找出你想缩放的特征所属的带或区，使扇形外侧线位于木星该带或区纬度的左右两侧。木星圆盘指南的方向朝上并将扇形置于木星上，如果要测量木星北半球的特征，就使扇形最宽的开口朝上；如果要测量木星南半球的特征，就使扇形最宽的部分朝下放置。扇形中的每格代表经度10度。如果木星指南方向朝上，则木星上的经度从左往右（或者说从前侧到后侧）增加。因此，木星中央子午线左侧的特征经度将低于中央子午线，依此类推。我用这个工具进行了成功的估测，测量精度达到了1~2度。测量并不困难，只要我们有耐心并关注细节。只要你知道照片上木星中央子午线的位置，用罗杰斯的工具甚至可以测量木星的旧胶片图像。

特征的经度位置应当以前面讨论过的凌星的格式记录，即与中央子午线凌星计时相同，用同样的命名法描述测量的对象。我们已经讨论过记录特征的经度位置随时间变化的价值，这是业余天文爱好者所能做的最重要的贡献之一。

CCD相机和网络摄像机图像相较于中央子午线凌星计时具有巨大的优势，因为它们的图像不是主观的且测量不容易出现时间误差，而凌星计时就可能会出现误差。图像也可以用作颜色和强度的记录，但是必须注意在处理图像时，不要过度处理或过度增加对比度。如果在使用滤光片和颜色处理时不够仔细，色彩可能会失真。应该尽量使最终图像能呈现出大量细节，同时看起来也比较自然。得克萨斯州休斯敦的埃德·格拉夫顿是一位在图像处理方面技巧高超的专家，可以从他的作品中学到很多东西。他的图像处理作品出类拔萃。为了在我自己的图像处理过程中保持诚信，我会定期对木星进行目视观测，这样我就能知道它看起来应该是什么样。此外，虽然成像令人兴奋，但仍然没有什么能比得上在望远镜的目镜中用肉眼观察行星。

9.12 ┃ 测量纬度

作为木星长期研究的一部分，纬度观测对于我们理解木星的活动也非常重要。从过去的观测中，我们知道了木星带和区的正常纬度边界，知道了木星气流和急流的正常纬度，还知道了这些纬度位置都会变化。虽然许多观测者认为纬度测量不像经度测量那样容易实现，但这是一个业余爱好者肯定有能力参与的研究领域。

从 19 世纪到 20 世纪 50 年代，纬度只能通过配备了动丝测微计的望远镜来目视测量。这是一种非常昂贵的精密测量设备，业余天文爱好者通常无法获得。皮克在他的文章中详细讨论过动丝测微计的使用程序 [517]。为了使动丝测微计能够进行有效测量，在测量时必须非常小心仔细。除此之外，使用的望远镜必须由赤道仪承托在一个稳定的架台上，由赤道仪驱动补偿地球自转。否则，目镜中的图像就会无可救药地四处乱跳，导致我们无法进行可靠的精确测量。

幸运的是，进行纬度测量的程序也可以应用于高分辨率照片，从 1948 年左右开始人们就采用了这种方法 [518]。我们需要高分辨率的照片，因为图像上任何的模糊都会使精确测量变得困难。

CCD 相机和网络摄像机成像的出现最终使得天文学家，包括天文爱好者得以从图像上真正准确地测量纬度。再一次地，CCD 相机和网络摄像机使业余天文爱好者能够从事具有专业品质的科学工作。如今，我没有见过太多使用动丝测微计的业余天文爱好者。

有了原始测量数据后（通常这些数据是从现今的图像上获得的），我们还必须对其进行处理。在地球上，我们所说的纬度特指地理纬度或地心纬度。而在木星上，对应的纬度以希腊爱奥尼亚方言的"宙斯"的属格命名①，被称为"木面"（zenographical）纬度和"木心"（zenocentric）纬度[519]。一些天文学家会用"行星面"（planetographical）或"行星中心"（planetocentric）这样的术语。皮克[520]、罗杰斯[521, 522]和施穆德[523]讨论了执行这个操作的方法。为了根据测量计算纬度，须执行以下步骤。测量特征与南极的距离 s，极半径 r，计算（r-s）/ r，这个值为 $sin\theta$，解出 θ。接下来我们要做的是确定木星的视倾角，将其记为 δ'。大部分天文年历给出了地球的木心坐标纬度 δ（或 D_E），但我们需要知道木星的视倾角，所以我们必须解出 δ'。δ' 的推导公式为：$tan\delta'$ = $1.07tan\delta$。（1.07 是木星极径和赤道直径的比值，最近实际确定为1.0694。）现在我们就能计算"平均纬度" β'，即 $\beta' = \theta + \delta'$。总的来说，就是：

$$\beta' = \sin^{-1}\frac{(r-s)}{r} + \delta'$$

因为木星是扁球体而非完美的球体，所以存在两种其他的纬度定义，需要将 β' 转换成它们中的一种。木心纬度（β）是特征与木心所在直线和木星赤道面之间的夹角。木面纬度（β''）则是木星极轴与特征处地平线之间的夹角。

确定它们的正切后，我们可以在两者之间进行转换：

---

① 即以爱奥尼亚希腊语"宙斯"的所有格（zenographical, zenocentric）命名。

$$\tan\beta''=1.07\tan\beta' \text{ 或 } \tan\beta'=1.07\tan\beta$$

如果木星是完美的球体，β' 与 β'' 就相等，但在木星上它们并不相等，并且相差了大约 4 度。

为了对木星的特征进行纬度测量，我们通常希望能像我们在木星"表面"上看到的那样确定纬度。因此，我们通常会想确定木面纬度，即 β''。

理查德·施穆德[524] 用略微不同的数学公式表达了这些计算。首先计算 θ，具体如下：

$$\sin\theta = (s-n)/(s+n)$$

其中 s 和 n 为特征到南极和北极之间位于极边的距离。这些距离是用以毫米为单位的尺进行测量的。如果 θ 为负，则该特征位于赤道以南；如果 θ 为正，则该特征位于赤道以北。由于 θ 表示假设木星为球体时木星上的纬度，我们必须使用下列等式来求解纬度的其他计算：

$$\text{inv } \tan[1.0694 \times \tan[\text{inv.sin}(\theta)+1.0694D] \text{ 木面纬度}$$
$$\text{inv } \tan[0.9351 \times \tan[\text{inv.sin}(\theta)+1.0694D] \text{ 木心纬度}$$
$$\text{inv } \sin\theta +1.0694D \text{ 平均纬度}$$

其中 D 为木星的地下纬度。这个 D 的值可以在天文年历中找到[525]。

为了准确测量纬度，所使用的图像必须具有高分辨率。带和区的边界不清晰，或亮斑和暗斑看起来模糊的图像会导致测量的误差幅度过大，而我们希望测量精确度在 1 度以内。能够以所需精度进行纬度测量的业余天文爱好者完全可以认为自己是进阶的天文爱好者。

9.13 做好记录——观测日志

我们大多数人都觉得，记住家庭相册里多年来拍摄的每张照片的日期和情景相对容易。家庭相簿对于我们来说很熟悉，我们认识其中的人，或者我们会记得照片中所描绘的假期生活。家庭相片代表了熟悉的周围环境。而收集科学数据或制作天文图像、草图则是完全不同的情形。要记住这些图片当时的情况并不容易，坦白地说，凭记忆来工作并不科学也不太可靠。正如前文所强调的，没有记录基本信息的绘图或图像实际上毫无价值可言。

当然，我们应该为每次观测记录日期、时间、使用的仪器以及天气情况等基本信息。但是，用一种合乎逻辑、有条理的方式整理这些数据也会对我们日后的使用有所帮助。

对我来说，保持系统的记录最好的方法之一就是使用观测日志，让记录观测日志成为一件很自然的事情。我自从 1967 年以来就一直保留着一本，我的日志并不是什么花哨的皮面装订本，它只是一个简单的螺旋装订笔记本。多年以来我已经填满了好几本这样的日志，当完成一本后，再买一本并继续记录下去就相对容易了。

我将我的日志用于我所有的观测，而并非只是行星观测。所以对我来说，这也是我所做事情的美好记录。当我在观测木星或其他行星时，我在进入夜晚前会先记录最基本的信息，包括星期几、当地时间的日期和我的位置。是的，我会记录当地日期，并且我会记下时区是标准时间还是夏令时，稍后我会记下世界时日期。我之所以将当地时间和世界时一起使用，是因为我喜欢回顾过去并回忆当地的情况、晚上的时间、观测条件，等等。我还会对天气情况做一个大致的记录：冷或热，风大或无风，薄雾或晴朗，以及我是否看到明亮的月亮。如果由于天气恶化而无法进行预期的观测，我也会做一份记录。其中一些笔记比起科学意义，更适合怀旧，但我很喜欢记录这些。说实话，你可以记下任何你想要记录的东西。我常常会提到和我一起观测过的人的名字，比如我的朋友或家人，有时我还会请个别优秀的朋友或熟人在我当晚观测日志的页面上签名。我还会记录我当晚观测的目标，比如说观测木星。正如你所看到的，我的观测日志是一份非常个人化的记录。它不仅包含了仔细、科学地记录下的数据，还是一本我喜欢回头再读一遍的有趣记录。我的观测日志中有许多美好的回忆。

在这之后，我会记录更重要的信息，例如要使用的望远镜的类型和尺寸，以及相机设备（如果有的话）。对于木星，我在开始画草图或执行成像之前，会花几分钟的时间目视观测，然后我会在日志中描述木星的大致外观，这个时候我可能也会记下我对木星带、区和其他特征的强度估测。我还会记录视宁度和透明度，以及我这段观测所使用的放大倍率和滤光片。最后，我就准备开始进行当晚更为严谨的观测了。每种观测，不管是目视凌星计时或是网络摄像机成像，都有它们自己的一套需要被仔细、系统地记录下来的信息。

对于目视凌星计时，最好的数据记录案例是沃尔特·哈斯所制作的特别的笔记本条目。沃尔特·哈斯是国际月球和行星观测者协会的创始人，并且他一直在观测木星。我记得在一次木星的出现期，沃尔特对超过 1600 多次的独立事件进行了凌星计时！我的笔记本上关于木星的条目就是仿照沃尔特·哈斯设计的。首先我记录所用望远镜的尺寸和种类，以及观测地点，例如城市和州等。接着，我按从左往右的顺序在笔记本页面的剩余部分记录以下信息：

1. 凌星计时的次数。（我从木星出现期开始到结束，按编号顺序记录凌星计时的次数。我不会每晚都重新编号。）

2. 凌星观测到的特征的描述，用前面讨论过的符号缩写格式。

3. 凌星时间（世界时），精确到分钟。

4. 经度，通常稍后通过参考星历表确定，该列又分为两小列，一列用于系统 I，另一列用于系统 II。

5. 最后我会记录有关放大率、所用滤光片、视宁度和透明度的信息。

当我完成当晚的凌星记录后，我会记录其他我觉得能进一步说明观测的描述性笔记。

使用 CCD 相机或网络摄像机成像需要一些特殊数据。对于网络摄像机成像，我会从左往右记录如下信息：

1. 当晚按顺序的图像编号。

2. 运行成像的结束时间（世界时）。

3. 累计的帧数。

4. 成像的总运行时间。

5. 曝光设置。

6. 增益设置。

7. 焦比设置：f/10、f/20 等。

8. 视宁度。

9. 透明度。

我在这些条目之间会留有空余，这样我就可以加入我认为有必要记录的任何其他信息，并且我可以稍后回来补充在 Registax

处理完成后图像结果如何。我还会留一些空间记录文件名。

观测日志的使用是常识。一旦你为每种观测都记录了必要的数据，你就可以记录任何你想要记录或者觉得有趣的东西。它可以成为你的一本天文日记。请养成记录日志的习惯。既然你准备好了要带着设备出门观测行星或恒星，不妨对它们进行一些记录。某晚做的微不足道的观测也许会在某一天突然变得很重要，而你可能是唯一目睹过当时情景的人。

9.14 报 告

　　科学研究的目标是发表。如果不为人所知，即便是最杰出的科学家所做的工作也一文不值。有专业的出版物和期刊定期发表专业科学家们的工作成果。科学家的成果在被这些期刊接收和发表前，需要经过同行评审并得到科学委员会的认可。关键在于，发表成果并不那么容易。期刊和机构的声誉都可能会因为糟糕的科学成果而受到无法弥补的损害，更不用说科学家和科学本身的声誉了。专业科学家以从事科学研究为生。他们的职业生涯取决于被接收和发表的成果。但至少，专业科学家们有他们能发表的出版物。

　　对于业余天文爱好者来说，他们的观测成果也会得到认可。一些业余天文爱好者的观测成果质量非常高，以至于专业天文学家常常将其纳入自己的研究中。有些情况下，业余天文爱好者的名字会和出版物作者的名字一起列出，以给予他们荣誉。或者，业余天文爱好者可能会在书籍或出版物的致谢部分被提及，又或者也可能还有其他方式。美国天文学会（American Astronomical Society，AAS）是一个成员仅限于专业天文学家或其他密切相关领域的科学家的组织，该组织承认认识到了业余天文爱好者们推动科学进步的潜力，并致力于促进专业天文学界和业余天文爱好者群体之间的合作。美国天文学会的一个小组，即行星科学家部门（Division for Planetary Scientists），长期以来都承认业余天文爱好者有巨大的潜力，能为他们所做的工作做出贡献。有很多关于木星的专业论文包含了英国天文协会、国际月球和行星观测者协会和其他组织成员收集的数据。我自己也收到过来自科学家的电话或邮件讯息，征求我为国际月球和行星观测者协会收集的凌星数据。这对任何业余科学家来说，无疑是令人振奋的经历。

从某种意义上来说，业余天文爱好者要比专业天文学家具有更大的优势。我们可以按照自己的节奏来工作；我们可以随时选用我们自己的设备进行观测，而不必等待望远镜的时间；我们中的大多数人以其他工作和专业为生，因此我们不需要为了做科研而苦于筹集资金。简而言之，业余天文爱好者非常自由。如果我们只是为了好玩而研究天文，那也没问题！

但是，天文学是仅存的一门能让业余天文爱好者也有机会做出有意义的贡献的科学。如果业余天文爱好者想要做严肃的科学研究，也可以做。正如我们前面所看到的，设备的改进和成本的降低（或购买力的提升）使得业余天文爱好者能够做到许多过去曾属于专业天文学家的事情。

我们已经讨论了业余天文爱好者所能做的观测类型，其中许多只需要最普通的设备和对细节足够的关注。那么，当业余天文爱好者收集到数据后，能用这些数据做些什么呢？

9.15 ⎥业余天文爱好者组织

　　如今在天文学这一爱好和科学中，尤其是行星观测中，我们有幸拥有诸多非常优秀、易于访问的业余组织，这些组织培养了业余天文爱好者，并为他们提供了一个能够学习和分享观测经验的场所。许多组织的网站都有实践辅助工具、讨论小组和领导者来帮助初学者开始观测生涯，无论这种观测是随意的还是严肃的。关于各种组织的信息在本章中有提供，你一定要了解这些组织。还有许多天文协会和俱乐部，你可能会很幸运地在当地就找到一个。加入俱乐部并拜访其中的成员为你了解天文学的各个方面提供了非常好的机会。在我看来，俱乐部成员总是非常乐意与初学者们分享他们的专业知识。

　　令人惊讶的是，有许多业余天文爱好者组织都渴望能收到细心的业余观测者收集的数据。其中很多组织还提供培训项目，以帮助想要在科学方面更加深入研究的初学者。国际月球和行星观测者协会、英国天文协会以及其他欧洲和东方的组织都为业余天文爱好者提供了研究和发表其成果的渠道。这些组织虽然由业余人士组成，但始终坚持着高标准的工作。这些业余组织的声誉对他们来说就和专业群体同样宝贵。了解了这一点，专业科学家也经常向这些业余组织寻求帮助。在最近的一次木星出现期中，专业天文学家号召业余天文爱好者群体在全球范围内，全天候地对木星冲日成像，以便完整地记录木星的物理外观。这次任务获得了巨大的成功，并且以前所未有的方式将业余天文爱好者和专业群体团结在了一起。

业余天文爱好者组织有自己的出版物，并定期寻求出版。几乎所有科学工作做得好的业余天文爱好者都能提交其作品。国际月球和行星观测者协会每季度出版一次国际月球和行星观测者协会杂志——《漫步天文学家》(*The Strolling Astronomer*)。英国天文协会和其他组织也有相似的出版物。这些组织的研究成果令人印象深刻，也非常专业。

正式的业余组织对他们所做的事情非常自豪，并积极地维护他们的声誉。这些业余组织的成员参与天文学研究通常不是为了维持生计，而是出于兴趣和对科学的热爱。但是他们希望自己的工作得到认可，并努力以最高标准对待他们的观测和数据。如果想要有所成就，工作的标准就必须很高。虽然世界上有很多优秀的组织，但我最熟悉的是其中两个——英国天文协会和国际月球和行星观测者协会。

英国天文协会的联系方式为：

British Astronomical association

Burlington House

London

UK

W1J 0DU

http://www.britastro.org

国际月球和行星观测者协会的联系方式为：

Matthew Will

A.L.P.O. Membership Secretary

P.O. Box 13456

Springfield, Illinois 62791–3456

http://www.lpl.arizona.edu/alpo

当然，我们经常只是为了好玩而参与天文学研究，或只是为了能在望远镜中看到美丽的景象。但是这样想想：既然你打算花时间将所有这些设备拖到户外，为什么不能更认真地对待它呢？试着进行一次有意义的观测，正确地记录下来并将它报告给合适的组织，也许下一个对天文学做出贡献的人就是你。

结

语

我们现在做什么？

我认识的一位大学教授在一群大学生毕业时对他们说："孩子们，我教会了你们所知道的一切，但是我并没有把我所知道的全部都教给你们！你们的学习才刚刚开始！"

这句话对我们所有人来说都很真实。如果你是观测木星的新手，那么刚刚在本书中阅读的内容可能使你获取了对这颗行星的全部认识。但你的学习过程才刚刚开始，还有更多的东西需要学习，新的秘密正等着人们去发现！我认为这就是天文观测的乐趣所在——只需旋转几度、经度相差几度，就会有全新的、不同的且不断变化的特征等着我们去观测和记录。今晚、明晚、下周、下个月、来年……未来会是什么样呢？只有经验丰富的观测者才有能力辨别木星不断变化的表面！

业余天文爱好者的观测将在维持木星物理外观的历史上继续发挥重要作用。目前在这颗行星周围的轨道上没有航天器。几个月前，"新视野号"探测器（New Horizons Spacecraft）在前往冥王星的途中飞过了木星，并拍摄了几张图片。但它现在已经远离了这颗巨大的行星，因此目前又只有地基设备才能观测木星了。现在就看我们的了。

无论你是为了乐趣而观测，还是希望为科学研究做出贡献，观测木星的活动能让每个人都有所收获。所以，从沙发上起来，带着你的望远镜，到外面去吧，你的冒险将从日落开始！

附

录

参考资料

1. *The Giant Planet Jupiter*, J. H. Rogers, Cambridge University Press 1995, p. 6

2. *The Giant Planet Jupiter*, J. H. Rogers, Cambridge University Press 1995, p. 4

3. *The Planet Jupiter*, B. M. Peek, Faber and Faber, Ltd., 2nd edition Patrick Moore 1981, p. 83

4. *The Giant Planet Jupiter*, J. H. Rogers, Cambridge University Press 1995, p. 105

5. *The Planet Jupiter*, B. M. Peek, Faber and Faber, Ltd., 2nd edition Patrick Moore 1981, p. 83

6. *The Giant Planet Jupiter*, J. H. Rogers, Cambridge University Press 1995, p. 106

7. *The Giant Planet Jupiter*, J. H. Rogers, Cambridge University Press 1995, p. 106

8. *The Giant Planet Jupiter*, J. H. Rogers, Cambridge University Press 1995, p. 116

9. *The Giant Planet Jupiter*, J. H. Rogers, Cambridge University Press 1995, p. 118

10. *The Giant Planet Jupiter*, J. H. Rogers, Cambridge University Press 1995, p. 118

11. *The Giant Planet Jupiter*, J. H. Rogers, Cambridge University Press 1995, p. 123

12. *The Giant Planet Jupiter*, J. H. Rogers, Cambridge University Press 1995, p. 127

13. *The Planet Jupiter*, B. M. Peek, Faber and Faber, Ltd., 2nd edition Patrick Moore 1981, p. 88

14. *The Planet Jupiter*, B. M. Peek, Faber and Faber, Ltd., 2nd edition Patrick Moore 1981, p. 94

15. *The Planet Jupiter*, B. M. Peek, Faber and Faber, Ltd., 2nd edition Patrick Moore 1981, p. 94

16. *The Planet Jupiter*, B. M. Peek, Faber and Faber, Ltd., 2nd edition Patrick Moore 1981, p. 94

17. *The Planet Jupiter*, B. M. Peek, Faber and Faber, Ltd., 2nd edition Patrick Moore 1981, p. 95

18. *Jupiter Odyssey: the Story of NASA's Galileo Mission*, D. M. Harland, Springer/Praxis 2000, pp. 121,122

19. *The Giant Planet Jupiter*, J. H. Rogers, Cambridge University Press 1995, p. 160

20. *The Giant Planet Jupiter*, J. H. Rogers, Cambridge University Press 1995, p. 197

21. *The Giant Planet Jupiter*, J. H. Rogers, Cambridge University Press 1995, p. 160

22. *The Giant Planet Jupiter*, J. H. Rogers, Cambridge University Press 1995, p. 205

23. "New Observational Results Concerning Jupiter's Great Red Spot", A. A. Simon-Miller, P. J. Gierasch, R. F. Beebe, B. Conrath, F. M. Flasar, R. K. Achterburg, and Cassini CIRS Team. *Icarus* 2002, 158, p. 254

24. "New Observational Results Concerning Jupiter's Great Red Spot", A. A. Simon-Miller, P. J. Gierasch, R. F. Beebe, B. Conrath, F. M. Flasar, R. K. Achterburg, and Cassini CIRS Team. *Icarus* 2002, 158, p. 250

25. "New Observational Results Concerning Jupiter's Great Red Spot", A. A. Simon-Miller, P. J. Gierasch, R. F. Beebe, B. Conrath, F. M. Flasar, R. K. Achterburg, and Cassini CIRS Team. *Icarus* 2002, 158, p. 250

26. *The Giant Planet Jupiter*, J. H. Rogers, Cambridge University Press 1995, p. 188

27. "New Observational Results Concerning Jupiter's Great Red Spot", A. A. Simon-Miller, P. J. Gierasch, R. F. Beebe, B. Conrath, F. M. Flasar, R. K. Achterburg, and Cassini CIRS Team. *Icarus* 2002, 158, p. 249

28. "New Observational Results Concerning Jupiter's Great Red Spot", A. A. Simon-Miller, P. J. Gierasch, R. F. Beebe, B. Conrath, F. M. Flasar, R. K. Achterburg, and Cassini CIRS Team. *Icarus*

2002, 158, pp. 249, 250

29. *The Giant Planet Jupiter*, J. H. Rogers, Cambridge University Press 1995, p. 189

30. "New Observational Results Concerning Jupiter's Great Red Spot", A. A. Simon-Miller, P. J. Gierasch, R. F. Beebe, B. Conrath, F. M. Flasar, R. K. Achterburg, and Cassini CIRS Team. *Icarus* 2002, 158, p. 250

31. "New Observational Results Concerning Jupiter's Great Red Spot", A. A. Simon-Miller, P. J. Gierasch, R. F. Beebe, B. Conrath, F. M. Flasar, R. K. Achterburg, and Cassini CIRS Team. *Icarus* 2002, 158, p. 250

32. "New Observational Results Concerning Jupiter's Great Red Spot", A. A. Simon-Miller, P. J. Gierasch, R. F. Beebe, B. Conrath, F. M. Flasar, R. K. Achterburg, and Cassini CIRS Team. *Icarus* 2002, 158, p. 250

33. *The Planet Jupiter*, B. M. Peek, Faber and Faber, Ltd., 2nd edition Patrick Moore 1981, pp. 138, 139

34. "New Observational Results Concerning Jupiter's Great Red Spot", A. A. Simon-Miller, P. J. Gierasch, R. F. Beebe, B. Conrath, F. M. Flasar, R. K. Achterburg, and Cassini CIRS Team. *Icarus* 2002, 158, p. 251

35. "New Observational Results Concerning Jupiter's Great Red Spot", A. A. Simon-Miller, P. J. Gierasch, R. F. Beebe, B. Conrath, F. M. Flasar, R. K. Achterburg, and Cassini CIRS Team. *Icarus* 2002, 158, p. 250

36. R. Schmude, JALPO Spring 2003, p. 26

37. P. Budine, JALPO February 1971, p. 198

38. R. Schmude, JALPO Spring 2003, p. 41

39. "New Observational Results Concerning Jupiter's Great Red Spot", A. A. Simon-Miller, P. J. Gierasch, R. F. Beebe, B. Conrath, F. M. Flasar, R. K. Achterburg, and Cassini CIRS Team. *Icarus* 2002, 158, p. 250

40. *The Giant Planet Jupiter*, J. H. Rogers, Cambridge University Press 1995, p. 191

41. "New Observational Results Concerning Jupiter's Great Red Spot", A. A. Simon-Miller, P. J. Gierasch, R. F. Beebe, B. Conrath, F. M. Flasar, R. K. Achterburg, and Cassini CIRS Team. *Icarus* 2002, 158, p. 251

42. "New Observational Results Concerning Jupiter's Great Red Spot", A. A. Simon-Miller, P. J. Gierasch, R. F. Beebe, B. Conrath, F. M. Flasar, R. K. Achterburg, and Cassini CIRS Team. *Icarus* 2002, 158, p. 251

43. "New Observational Results Concerning Jupiter's Great Red Spot", A. A. Simon-Miller, P. J. Gierasch, R. F. Beebe, B. Conrath, F. M. Flasar, R. K. Achterburg, and Cassini CIRS Team. *Icarus* 2002, 158, p. 264

44. "New Observational Results Concerning Jupiter's Great Red Spot", A. A. Simon-Miller, P. J. Gierasch, R. F. Beebe, B. Conrath, F. M. Flasar, R. K. Achterburg, and Cassini CIRS Team. *Icarus* 2002, 158, p. 253

45. E. Reese, JALPO November 1963, p. 142

46. P. Budine. JALPO May 1974, p. 230

47. Favero et al. JALPO July 1978, p. 97

48. P. Budine, JALPO June 1973, p. 83

49. P. Budine, JALPO January 1986, p. 97

50. P. Budine, JALPO February 1990, p. 2

51. P. Budine, JALPO August 1997, p. 164

52. R. Schmude, JALPO July 1989, p. 124

53. D. Lehman et al. JALPO April 1999, p. 52

54. R. Schmude, JALPO September 1991, p. 113

55. D. Lehman and J. W. McAnally, JALPO October 1998, p. 164

56. "New Observational Results Concerning Jupiter's Great Red Spot", A. A. Simon-Miller, P. J. Gierasch, R. F. Beebe, B. Conrath, F. M. Flasar, R. K. Achterburg, and Cassini CIRS Team. *Icarus* 2002, 158, p. 263

57. "New Observational Results Concerning Jupiter's Great Red Spot", A. A. Simon-Miller, P. J. Gierasch, R. F. Beebe, B. Conrath, F. M. Flasar, R. K. Achterburg, and Cassini CIRS Team. *Icarus* 2002, 158, p. 263

58. "New Observational Results Concerning Jupiter's Great Red Spot", A. A. Simon-Miller, P. J. Gierasch, R. F. Beebe, B. Conrath, F. M. Flasar, R. K. Achterburg, and Cassini CIRS Team. *Icarus* 2002, 158, p. 249

59. *The Giant Planet Jupiter*, J. H. Rogers, Cambridge University Press 1995, p. 220

60. J. W. McAnally, JALPO July 1999, pp. 108-111

61. J. W. McAnally, JALPO July 1999, pp. 108-111

62. *The Giant Planet Jupiter*, J. H. Rogers, Cambridge University Press 1995, p. 220

63. *The Giant Planet Jupiter*, J. H. Rogers, Cambridge University Press 1995, p. 223

64. "The Merger of Two Giant Anticyclones in the Atmosphere of Jupiter", A. Sanchez-Lavega, G. S. Orton, R. Morales, J. Lecacheux, F. Colas, B. Fisher, P. Fukumura-Sawada, W. Golisch, D. Griep, C. Kaminski, K. Baines, K. Rages, and R. West. *Icarus* 2001, 149, p. 492

65. *The Giant Planet Jupiter*, J. H. Rogers, Cambridge University Press 1995, p. 223

66. "The Merger of Two Giant Anticyclones in the Atmosphere of Jupiter", A. Sanchez-Lavega, G. S. Orton, R. Morales, J. Lecacheux, F. Colas, B. Fisher, P. Fukumura-Sawada, W. Golisch, D. Griep, C. Kaminski, K. Baines, K. Rages, and R. West. *Icarus* 2001, 149, p. 492

67. J. W. McAnally, unpublished report, July 2000

68. "The Merger of Two Giant Anticyclones in the Atmosphere of Jupiter", A. Sanchez-Lavega, G. S. Orton, R. Morales, J. Lecacheux, F. Colas, B. Fisher, P. Fukumura-Sawada, W. Golisch, D. Griep, C. Kaminski, K. Baines, K. Rages, and R. West. *Icarus* 2001, 149, p. 492

69. "The Merger of Two Giant Anticyclones in the Atmosphere of Jupiter", A. Sanchez-Lavega, G. S. Orton, R. Morales, J. Lecacheux, F. Colas, B. Fisher, P. Fukumura-Sawada, W. Golisch, D. Griep, C. Kaminski, K. Baines, K. Rages, and R. West. *Icarus* 2001, 149, p. 492

70. "The Merger of Two Giant Anticyclones in the Atmosphere of Jupiter", A. Sanchez-Lavega, G. S. Orton, R. Morales, J. Lecacheux, F. Colas, B. Fisher, P. Fukumura-Sawada, W. Golisch, D. Griep, C. Kaminski, K. Baines, K. Rages, and R. West. *Icarus* 2001, 149, pp. 492-494

71. "The Merger of Two Giant Anticyclones in the Atmosphere of Jupiter", A. Sanchez-Lavega, G. S. Orton, R. Morales, J. Lecacheux, F. Colas, B. Fisher, P. Fukumura-Sawada, W. Golisch, D. Griep, C. Kaminski, K. Baines, K. Rages, and R. West. *Icarus* 2001, 149, p. 494

72. "The Merger of Two Giant Anticyclones in the Atmosphere of Jupiter", A. Sanchez-Lavega, G. S. Orton, R. Morales, J. Lecacheux, F. Colas, B. Fisher, P. Fukumura-Sawada, W. Golisch, D. Griep, C. Kaminski, K. Baines, K. Rages, and R. West. *Icarus* 2001, 149, p. 494

73. "The Merger of Two Giant Anticyclones in the Atmosphere of Jupiter", A. Sanchez-Lavega, G. S.

Orton, R. Morales, J. Lecacheux, F. Colas, B. Fisher, P. Fukumura-Sawada, W. Golisch, D. Griep, C. Kaminski, K. Baines, K. Rages, and R. West. *Icarus* 2001, 149, p. 494

74. J. W. McAnally, unpublished report, July 2000

75. "The Merger of Two Giant Anticyclones in the Atmosphere of Jupiter", A. Sanchez-Lavega, G. S. Orton, R. Morales, J. Lecacheux, F. Colas, B. Fisher, P. Fukumura-Sawada, W. Golisch, D. Griep, C. Kaminski, K. Baines, K. Rages, and R. West. *Icarus* 2001, 149, p. 494

76. *The Giant Planet Jupiter*, J. H. Rogers, Cambridge University Press 1995, p. 224

77. *The Giant Planet Jupiter*, J. H. Rogers, Cambridge University Press 1995, p. 45

78. *The Giant Planet Jupiter*, J. H. Rogers, Cambridge University Press 1995, p. 45

79. *The Giant Planet Jupiter*, J. H. Rogers, Cambridge University Press 1995, p. 48

80. *The Giant Planet Jupiter*, J. H. Rogers, Cambridge University Press 1995, p. 48

81. *The Giant Planet Jupiter*, J. H. Rogers, Cambridge University Press 1995, p. 48

82. *The Giant Planet Jupiter*, J. H. Rogers, Cambridge University Press 1995, p. 49

83. *The Giant Planet Jupiter*, J. H. Rogers, Cambridge University Press 1995, p. 49

84. *The Planet Jupiter*, B. M. Peek, Faber and Faber, Ltd., 2nd edition Patrick Moore 1981, p. 43

85. *The Giant Planet Jupiter*, J. H. Rogers, Cambridge University Press 1995, p. 59

86. *The Planet Jupiter*, B. M. Peek, Faber and Faber, Ltd., 2nd edition Patrick Moore 1981, pp. 41, 42

87. *Visual Observations of the Planet Saturn and its Satellites: Theory and Methods, the A.L.P.O. Saturn Handbook*, J. L. Benton, Jr., Associates in Astronomy 1995, 7th revised edition, p. 64

88. *The Giant Planet Jupiter*, J. H. Rogers, Cambridge University Press 1995, p. 59

89. *The Giant Planet Jupiter*, J. H. Rogers, Cambridge University Press 1995, p. 70

90. *The Giant Planet Jupiter*, J. H. Rogers, Cambridge University Press 1995, p. 70

91. *The Giant Planet Jupiter*, J. H. Rogers, Cambridge University Press 1995, p. 70

92. *The Giant Planet Jupiter*, J. H. Rogers, Cambridge University Press 1995, p. 70

93. *The Giant Planet Jupiter*, J. H. Rogers, Cambridge University Press 1995, p. 70

94. *The Giant Planet Jupiter*, J. H. Rogers, Cambridge University Press 1995, p. 289

95. "An HST Study of Jovian Chromophores", A. A. Simon-Miller, D. Banfi eld, and P. J. Gierasch. *Icarus* 2001, 149, p. 94

96. *The Giant Planet Jupiter*, J. H. Rogers, Cambridge University Press 1995, p. 280

97. *The Giant Planet Jupiter*, J. H. Rogers, Cambridge University Press 1995, p. 280

98. "An HST Study of Jovian Chromophores", A. A. Simon-Miller, D. Banfield, and P. J. Gierasch. *Icarus* 2001, 149, p. 94

99. *The Giant Planet Jupiter*, J. H. Rogers, Cambridge University Press 1995, p. 70

100. "Color and the Vertical Structure in Jupiter's Belts, Zones, and Weather Systems", A. A. Simon-Miller, D. Banfield, and P. J. Gierasch. *Icarus* 2001, 154, p. 459

101. *The Giant Planet Jupiter*, J. H. Rogers, Cambridge University Press 1995, p. 78

102. *Saturn and How to Observe It*, J. L. Benton, Jr., Springer 2005, p. 16

103. "Color and the Vertical Structure in Jupiter's Belts, Zones, and Weather Systems", A. A. Simon-Miller, D. Banfield, and P. J. Gierasch. *Icarus* 2001, 154, p. 459

104. "Color and the Vertical Structure in Jupiter's Belts, Zones, and Weather Systems", A. A. Simon-Miller, D. Banfield, and P. J. Gierasch. *Icarus* 2001, 154, p. 459

105. "Color and the Vertical Structure in Jupiter's Belts, Zones, and Weather Systems", A. A. Simon-Miller, D. Banfield, and P. J. Gierasch. *Icarus* 2001, 154, p. 464

106. "Color and the Vertical Structure in Jupiter's Belts, Zones, and Weather Systems", A. A. Simon-Miller, D. Banfield, and P. J. Gierasch. *Icarus* 2001, 154, p. 464

107. "Color and the Vertical Structure in Jupiter's Belts, Zones, and Weather Systems", A. A. Simon-Miller, D. Banfield, and P. J. Gierasch. *Icarus* 2001, 154, p. 466

108. "Color and the Vertical Structure in Jupiter's Belts, Zones, and Weather Systems", A. A. Simon-Miller, D. Banfield, and P. J. Gierasch. *Icarus* 2001, 154, p. 466

109. "Color and the Vertical Structure in Jupiter's Belts, Zones, and Weather Systems", A. A. Simon-Miller, D. Banfield, and P. J. Gierasch. *Icarus* 2001, 154, p. 467

110. "Color and the Vertical Structure in Jupiter's Belts, Zones, and Weather Systems", A. A. Simon-Miller, D. Banfield, and P. J. Gierasch. *Icarus* 2001, 154, p. 467

111. "Color and the Vertical Structure in Jupiter's Belts, Zones, and Weather Systems", A. A. Simon-Miller, D. Banfield, and P. J. Gierasch. *Icarus* 2001, 154, p. 467

112. "Color and the Vertical Structure in Jupiter's Belts, Zones, and Weather Systems", A. A. Simon-Miller, D. Banfield, and P. J. Gierasch. *Icarus* 2001, 154, p. 467

113. "Color and the Vertical Structure in Jupiter's Belts, Zones, and Weather Systems", A. A. Simon-Miller, D. Banfield, and P. J. Gierasch. *Icarus* 2001, 154, pp. 467, 468

114. *The Giant Planet Jupiter*, J. H. Rogers, Cambridge University Press 1995, p. 68

115. "Color and the Vertical Structure in Jupiter's Belts, Zones, and Weather Systems", A. A. Simon-Miller, D. Banfield, and P. J. Gierasch. *Icarus* 2001, 154, p. 469

116. *Jupiter Odyssey*, D. M. Harland, Springer/Praxis 2000, p. 259

117. *Jupiter Odyssey*, D. M. Harland, Springer/Praxis 2000, p. 259

118. *Jupiter Odyssey*, D. M. Harland, Springer/Praxis 2000, p. 258

119. "Color and the Vertical Structure in Jupiter's Belts, Zones, and Weather Systems", A. A. Simon-Miller, D. Banfi eld, and P. J. Gierasch. *Icarus* 2001, 154, p. 469

120. *Jupiter Odyssey*, D. M. Harland, Springer/Praxis 2000, pp. 259-260

121. *Jupiter Odyssey*, D. M. Harland, Springer/Praxis 2000, p. 260

122. *Jupiter Odyssey*, D. M. Harland, Springer/Praxis 2000, p. 260

123. "Characteristics of the Galileo Probe Entry Site from Earth-Based Remote Sensing Observations", G. S. Orton et al. *Journal of Geophysical Research* 1998, 103, p. 22,792

124. "Characteristics of the Galileo Probe Entry Site from Earth-Based Remote Sensing Observations", G. S. Orton et al. *Journal of Geophysical Research* 1998, 103, p. 22,808

125. "Characteristics of the Galileo Probe Entry Site from Earth-Based Remote Sensing Observations", G. S. Orton et al. *Journal of Geophysical Research* 1998, 103, p. 22,808

126. "Characteristics of the Galileo Probe Entry Site from Earth-Based Remote Sensing Observations", G. S. Orton et al. *Journal of Geophysical Research* 1998, 103, p. 22,812

127. "Characteristics of the Galileo Probe Entry Site from Earth-Based Remote Sensing Observations", Glenn S. Orton et al. *Journal of Geophysical Research* 1998, 103, p. 22,792

128. "Characteristics of the Galileo Probe entry Site from Earth-Based Remote Sensing Observations", G. S. Orton et al. *Journal of Geophysical Research* 1998, 103, p. 23,051

129. "Evolution and Persistence of 5-μm Hot Spots at the Galileo Probe Entry Latitude", J. L. Ortiz, G. S. Orton, A. J. Friedson, S. T. Stewart, B. M. Fisher, and J. R. Spencer. *Journal of Geophysical Research* 1998, 103, p. 23,063

130. "Evolution and Persistence of 5-μm Hot Spots at the Galileo Probe Entry Latitude", J. L. Ortiz,

G. S. Orton, A. J. Friedson, S. T. Stewart, B. M. Fisher, and J. R. Spencer. *Journal of Geophysical Research* 1998, 103, p. 23,051

131. "Evolution and Persistence of 5-μm Hot Spots at the Galileo Probe Entry Latitude", J. L. Ortiz, G. S. Orton, A. J. Friedson, S. T. Stewart, B. M. Fisher, and J. R. Spencer. *Journal of Geophysical Research* 1998, 103, p. 23,058

132. "Evolution and Persistence of 5-μm Hot Spots at the Galileo Probe Entry Latitude", J. L. Ortiz, G. S. Orton, A. J. Friedson, S. T. Stewart, B. M. Fisher, and J. R. Spencer. *Journal of Geophysical Research* 1998, 103, p. 23,059

133. "Evolution and Persistence of 5-μm Hot Spots at the Galileo Probe Entry Latitude", J. L. Ortiz, G. S. Orton, A. J. Friedson, S. T. Stewart, B. M. Fisher, and J. R. Spencer. *Journal of Geophysical Research* 1998, 103, p. 23,060

134. *Jupiter Odyssey*, D. M. Harland, Springer/Praxis 2000, p. 278

135. *Jupiter Odyssey*, D. M. Harland, Springer/Praxis 2000, p. 279

136. "Jupiter's White Oval Turns Red", A. A. Simon-Miller, N. J. Chanover, G. S. Orton, M. Sussman, I. G. Tsavaris, and E. Karkoschka. *Icarus* 2006, 185, p. 558

137. "Jupiter's White Oval Turns Red", A. A. Simon-Miller, N. J. Chanover, G. S. Orton, M. Sussman, I. G. Tsavaris, and E. Karkoschka. *Icarus* 2006, 185, p. 559

138. "Jupiter's White Oval Turns Red", A. A. Simon-Miller, N. J. Chanover, G. S. Orton, M. Sussman, I. G. Tsavaris, and E. Karkoschka. *Icarus* 2006, 185, p. 559

139. "Jupiter's White Oval Turns Red", A. A. Simon-Miller, N. J. Chanover, G. S. Orton, M. Sussman, I. G. Tsavaris, and E. Karkoschka. *Icarus* 2006, 185, p. 560

140. *The Giant Planet Jupiter*, J. H. Rogers, Cambridge University Press 1995, p. 59

141. "An HST Study of Jovian Chromophores", A. A. Simon-Miller, D. Banfield, and P. J. Gierasch. *Icarus* 2001, 149, p. 104

142. *The Giant Planet Jupiter*, J. H. Rogers, Cambridge University Press 1995, p. 277

143. *The Giant Planet Jupiter*, J. H. Rogers, Cambridge University Press 1995, p. 277

144. *The Giant Planet Jupiter*, J. H. Rogers, Cambridge University Press 1995, p. 276

145. *The Giant Planet Jupiter*, J. H. Rogers, Cambridge University Press 1995, p. 277

146. *The Giant Planet Jupiter*, J. H. Rogers, Cambridge University Press 1995, p. 277

147. *The Giant Planet Jupiter*, J. H. Rogers, Cambridge University Press 1995, p. 277

148. *The Giant Planet Jupiter*, J. H. Rogers, Cambridge University Press 1995, p. 278

149. *The Giant Planet Jupiter*, J. H. Rogers, Cambridge University Press 1995, p. 279

150. *The Giant Planet Jupiter*, J. H. Rogers, Cambridge University Press 1995, p. 279

151. *The Giant Planet Jupiter*, J. H. Rogers, Cambridge University Press 1995, p. 279

152. *The Giant Planet Jupiter*, J. H. Rogers, Cambridge University Press 1995, p. 279

153. *The Giant Planet Jupiter*, J. H. Rogers, Cambridge University Press 1995, p. 279

154. *The Giant Planet Jupiter*, J. H. Rogers, Cambridge University Press 1995, p. 279

155. *The Giant Planet Jupiter*, J. H. Rogers, Cambridge University Press 1995, p. 279

156. "Jupiter's Atmospheric Composition from the Cassini Thermal Infrared Spectrometer Experiment", V. G. Kunde et al. *Science* 2004, 305, p. 1,582

157. "Jupiter's Atmospheric Composition from the Cassini Thermal Infrared Spectrometer Experiment", V. G. Kunde et al. *Science* 2004, 305, p. 1,582

158. "Jupiter's Atmospheric Composition from the Cassini Thermal Infrared Spectrometer Experiment",

V. G. Kunde et al. *Science* 2004, 305, pp. 1,582, 1,585

159. "Jupiter's Atmospheric Composition from the Cassini Thermal Infrared Spectrometer Experiment", V. G. Kunde et al. *Science* 2004, 305, pp. 1,583, 1,584

160. *Jupiter Odyssey*, David M. Harland, Springer/Praxis 2000, pp. 115, 116

161. "Jupiter's Atmospheric Composition from the Cassini Thermal Infrared Spectrometer Experiment", V. G. Kunde et al. *Science* 2004, 305, (supporting on-line information, pp. 12-13.)

162. *Jupiter Odyssey*, D. M. Harland, Springer/Praxis 2000, p. 116

163. *The Giant Planet Jupiter*, J. H. Rogers, Cambridge University Press 1995, p. 279

164. *Jupiter Odyssey*, D. M. Harland, Springer/Praxis 2000, p. 249

165. *The Giant Planet Jupiter*, J. H. Rogers, Cambridge University Press 1995, p. 280

166. *Jupiter Odyssey*, D. M. Harland, Springer/Praxis 2000, p. 249

167. *The Giant Planet Jupiter*, J. H. Rogers, Cambridge University Press 1995, p. 280

168. *The Giant Planet Jupiter*, J. H. Rogers, Cambridge University Press 1995, p. 280

169. *Jupiter Odyssey*, D. M. Harland, Springer/Praxis 2000, p. 249

170. *The Giant Planet Jupiter*, J. H. Rogers, Cambridge University Press 1995, p. 282

171. *The Giant Planet Jupiter*, J. H. Rogers, Cambridge University Press 1995, p. 282

172. *The Giant Planet Jupiter*, J. H. Rogers, Cambridge University Press 1995, p. 282

173. *The Giant Planet Jupiter*, J. H. Rogers, Cambridge University Press 1995, p. 282

174. *The Giant Planet Jupiter*, J. H. Rogers, Cambridge University Press 1995, p. 66

175. *The Giant Planet Jupiter*, J. H. Rogers, Cambridge University Press 1995, p. 283

176. *Jupiter Odyssey*, D. M. Harland, Springer/Praxis 2000, p. 97

177. "Magnetic Moments at Jupiter", T. W. Hill. *Nature* 2002, 415, p. 965

178. *The Giant Planet Jupiter*, J. H. Rogers, Cambridge University Press 1995, p. 292

179. *The Giant Planet Jupiter*, J. H. Rogers, Cambridge University Press 1995, p. 292

180. *The Giant Planet Jupiter*, J. H. Rogers, Cambridge University Press 1995, p. 294

181. *The Giant Planet Jupiter*, J. H. Rogers, Cambridge University Press 1995, p. 294

182. "Magnetic Moments at Jupiter", T. W. Hill. *Nature* 2002, 415, p. 965

183. *Jupiter Odyssey*, D. M. Harland, Springer/Praxis 2000, p. 96

184. "The Dusk Flank of Jupiter's Magnetosphere", W. S. Kurth et al. *Nature* 2002, 415, p. 991

185. "The Dusk Flank of Jupiter's Magnetosphere", W. S. Kurth et al. *Nature* 2002, 415, p. 993

186. "The Dusk Flank of Jupiter's Magnetosphere", W. S. Kurth et al. *Nature* 2002, 415, p. 993

187. "The Dusk Flank of Jupiter's Magnetosphere", W. S. Kurth et al. *Nature* 2002, 415, pp. 992, 993

188. "The Dusk Flank of Jupiter's Magnetosphere", W. S. Kurth et al. *Nature* 2002, 415, pp. 992

189. "A Nebula of Gases from Io Surrounding Jupiter", S. M. Krinigis et al. *Nature* 2002, 415, p. 994

190. *Jupiter Odyssey*, D. M. Harland, Springer/Praxis 2000, pp. 408, 409

191. *Jupiter Odyssey*, D. M. Harland, Springer/Praxis 2000, pp. 36, 37

192. *The Giant Planet Jupiter*, J. H. Rogers, Cambridge University Press 1995, p. 294

193. *The Giant Planet Jupiter*, J. H. Rogers, Cambridge University Press 1995, p. 294

194. *The Giant Planet Jupiter*, J. H. Rogers, Cambridge University Press 1995, p. 294

195. *The Giant Planet Jupiter*, J. H. Rogers, Cambridge University Press 1995, p. 293

196. *The Giant Planet Jupiter*, J. H. Rogers, Cambridge University Press 1995, p. 298

197. *The Giant Planet Jupiter*, J. H. Rogers, Cambridge University Press 1995, p. 294

198. *The Giant Planet Jupiter*, J. H. Rogers, Cambridge University Press 1995, pp. 298, 303

199. *Neptune: the Planet, Rings, and Satellites*, E. D. Miner and R. R. Wessen, Springer/ Praxis 2002, pp. 111-114

200. "The Dusk Flank of Jupiter's Magnetosphere", W. S. Kurth et al. *Nature* 2002, 415, pp. 992

201. "The Cassini-Huygens Flyby of Jupiter", C. J. Hansen, S. J. Bolton, D. L. Matson, L. J. Spilker, and J. -P. Lebreton. *Icarus* 2004, 172, p. 1

202. "The Cassini-Huygens Flyby of Jupiter", C. J. Hansen, S. J. Bolton, D. L. Matson, L. J. Spilker, and J. -P. Lebreton. *Icarus* 2004, 172, p. 4

203. "Magnetic Moments at Jupiter", T. W. Hill. *Nature* 2002, 415, p. 966

204. *The Giant Planet Jupiter*, J. H. Rogers, Cambridge University Press 1995, p. 303

205. *Jupiter Odyssey*, D. M. Harland, Springer/Praxis 2000, p. 270

206. *The Giant Planet Jupiter*, J. H. Rogers, Cambridge University Press 1995, p. 302

207. *Jupiter Odyssey*, D. M. Harland, Springer/Praxis 2000, p. 271

208. *The Giant Planet Jupiter*, J. H. Rogers, Cambridge University Press 1995, p. 302

209. *The Giant Planet Jupiter*, J. H. Rogers, Cambridge University Press 1995, p. 295

210. *The Giant Planet Jupiter*, J. H. Rogers, Cambridge University Press 1995, p. 302

211. *The Giant Planet Jupiter*, J. H. Rogers, Cambridge University Press 1995, p. 303

212. *Jupiter Odyssey*, D. M. Harland, Springer/Praxis 2000, pp. 101, 102

213. *The Giant Planet Jupiter*, J. H. Rogers, Cambridge University Press 1995, p. 303

214. *The Giant Planet Jupiter*, J. H. Rogers, Cambridge University Press 1995, p. 303

215. *Jupiter Odyssey*, D. M. Harland, Springer/Praxis 2000, p. 322

216. *The Giant Planet Jupiter*, J. H. Rogers, Cambridge University Press 1995, p. 303

217. *The Giant Planet Jupiter*, J. H. Rogers, Cambridge University Press 1995, p. 303

218. *The Giant Planet Jupiter*, J. H. Rogers, Cambridge University Press 1995, p. 303

219. *Jupiter Odyssey*, D. M. Harland, Springer/Praxis 2000, p. 101

220. *The Giant Planet Jupiter*, J. H. Rogers, Cambridge University Press 1995, p. 303

221. *The Giant Planet Jupiter*, J. H. Rogers, Cambridge University Press 1995, p. 303

222. *The Giant Planet Jupiter*, J. H. Rogers, Cambridge University Press 1995, p. 305

223. *The Giant Planet Jupiter*, J. H. Rogers, Cambridge University Press 1995, p. 306

224. *The Giant Planet Jupiter*, J. H. Rogers, Cambridge University Press 1995, pp. 306, 307

225. *Jupiter Odyssey*, D. M. Harland, Springer/Praxis 2000, p. 101

226. *Jupiter Odyssey*, D. M. Harland, Springer/Praxis 2000, p. 332

227. *Jupiter Odyssey*, D. M. Harland, Springer/Praxis 2000, pp. 101, 102

228. *Jupiter Odyssey*, D. M. Harland, Springer/Praxis 2000, pp. 112, 113

229. *The Giant Planet Jupiter*, J. H. Rogers, Cambridge University Press 1995, p. 288

230. *Jupiter Odyssey*, D. M. Harland, Springer/Praxis 2000, p. 257

231. *The Giant Planet Jupiter*, J. H. Rogers, Cambridge University Press 1995, p. 288

232. *The Giant Planet Jupiter*, J. H. Rogers, Cambridge University Press 1995, p. 288

233. *The Giant Planet Jupiter*, J. H. Rogers, Cambridge University Press 1995, pp. 288-289

234. *The Giant Planet Jupiter*, J. H. Rogers, Cambridge University Press 1995, p. 288

235. *Jupiter Odyssey*, D. M. Harland, Springer/Praxis 2000, p. 257

236. *Jupiter Odyssey*, D. M. Harland, Springer/Praxis 2000, p. 272

237. "An Auroral Flare at Jupiter", J. H. Waite, Jr. et al. *Nature* 2001, 410, p. 787

238. "An Auroral Flare at Jupiter", J. H. Waite, Jr. et al. *Nature* 2001, 410, p. 787

239. "An Auroral Flare at Jupiter", J. H. Waite, Jr. et al. *Nature* 2001, 410, p. 787

240. "An Auroral Flare at Jupiter", J. H. Waite, Jr. et al. *Nature* 2001, 410, p. 788

241. "An Auroral Flare at Jupiter", J. H. Waite, Jr. et al. *Nature* 2001, 410, pp. 788-789

242. "An Auroral Flare at Jupiter", J. H. Waite, Jr. et al. *Nature* 2001, 410, p. 787

243. "The Cassini-Huygens Flyby of Jupiter", C. J. Hansen, S. J. Bolton, D. L. Matson, L. J. Spilker, and J.-P. Lebreton. *Icarus* 2004, 172, p.4

244. "Magnetic Moments at Jupiter", T. W. Hill. *Nature* 2002, 415, p. 966

245. "Auroral Structures at Jupiter and Earth", T. W. Hill. *Advances in Space Research* 2004, 33, pp. 2021, 2025

246. "The Cassini-Huygens Flyby of Jupiter", C. J. Hansen, S. J. Bolton, D. L. Matson, L. J. Spilker, and J.-P. Lebreton. *Icarus* 2004, 172, p.4

247. "Transient Aurora on Jupiter from Injections of Magnetospheric Electrons", J. Mauk, J. T. Clarke, D. Grodent, J. H. Waite, Jr., C. P. Paranicas, and D. J. Williams. *Nature* 2002, 415, p. 1003

248. *Jupiter Odyssey*, D. M. Harland, Springer/Praxis 2000, p. 272

249. "Magnetic Moments at Jupiter", T. W. Hill. *Nature* 2002, 415, p. 966

250. "Auroral Structures at Jupiter and Earth", T. W. Hill. *Advances in Space Research* 2004, 33, p. 2030

251. "Control of Jupiter's Radio Emission and Aurorae by the Solar Wind", D. A. Gurnet et al. *Nature* 2002, 415, p. 985

252. *The Giant Planet Jupiter*, J. H. Rogers, Cambridge University Press 1995, p. 298

253. *The Giant Planet Jupiter*, J. H. Rogers, Cambridge University Press 1995, p. 299

254. *The Giant Planet Jupiter*, J. H. Rogers, Cambridge University Press 1995, p. 298

255. *The Giant Planet Jupiter*, J. H. Rogers, Cambridge University Press 1995, p. 299

256. *The Giant Planet Jupiter*, J. H. Rogers, Cambridge University Press 1995, p. 299

257. "Control of Jupiter's Radio Emission and Aurorae by the Solar Wind", D. A. Gurnet et al. *Nature* 2002, 415, p. 985

258. "Control of Jupiter's Radio Emission and Aurorae by the Solar Wind", D. A. Gurnet et al. *Nature* 2002, 415, p. 985

259. "Control of Jupiter's Radio Emission and Aurorae by the Solar Wind", D. A. Gurnet et al. *Nature* 2002, 415, p. 989

260. "Control of Jupiter's Radio Emission and Aurorae by the Solar Wind", D. A. Gurnet et al. *Nature* 2002, 415, pp. 986-988

261. "Control of Jupiter's Radio Emission and Aurorae by the Solar Wind", D. A. Gurnet et al. *Nature* 2002, 415, p. 986

262. *The Giant Planet Jupiter*, J. H. Rogers, Cambridge University Press 1995, p. 287

263. *Jupiter Odyssey*, D. M. Harland, Springer/Praxis 2000, p. 124

264. "Lightning on Jupiter Observed in the H_α Line by the Cassini Imaging Science Subsystem", U. A. Dyudina et al. *Icarus* 2004, 172, p. 24

265. *Jupiter Odyssey*, D. M. Harland, Springer/Praxis 2000, p. 124

266. *Jupiter Odyssey*, D. M. Harland, Springer/Praxis 2000, p. 124

267. *Jupiter Odyssey*, D. M. Harland, Springer/Praxis 2000, pp. 257, 258

268. "Galileo Images of Lightning on Jupiter", B. Little et al. *Icarus* 1999, 142, p. 318

269. *Jupiter Odyssey*, D. M. Harland, Springer/Praxis 2000, p. 273

270. "Lightning on Jupiter Observed in the H_α Line by the Cassini Imaging Science Subsystem", U. A.

Dyudina et al. *Icarus* 2004, 172, p. 25

271. "Lightning on Jupiter Observed in the H$_\alpha$ Line by the Cassini Imaging Science Subsystem", U. A. Dyudina et al. *Icarus* 2004, 172, p. 32

272. "Galileo Images of Lightning on Jupiter", B. Little et al. *Icarus* 1999, 142, pp. 313, 314

273. "Lightning on Jupiter Observed in the H$_\alpha$ Line by the Cassini Imaging Science Subsystem", U. A. Dyudina et al. *Icarus* 2004, 172, p. 32

274. "Galileo Images of Lightning on Jupiter", B. Little et al. *Icarus* 1999, 142, p. 306

275. "Lightning on Jupiter Observed in the H$_\alpha$ Line by the Cassini Imaging Science Subsystem", U. A. Dyudina et al. *Icarus* 2004, 172, p. 32

276. "Lightning on Jupiter Observed in the H$_\alpha$ Line by the Cassini Imaging Science Subsystem", U. A. Dyudina et al. *Icarus* 2004, 172, p. 32

277. "Lightning on Jupiter Observed in the H$_\alpha$ Line by the Cassini Imaging Science Subsystem", U. A. Dyudina et al. *Icarus* 2004, 172, pp. 33, 34

278. *Jupiter Odyssey*, D. M. Harland, Springer/Praxis 2000, p. 298

279. *The Giant Planet Jupiter*, J. H. Rogers, Cambridge University Press 1995, p. 307

280. "Ultraviolet emissions from the Magnetic Footprints of Io, Ganymede, and Europa on Jupiter", J. T. Clarke et al. *Nature* 2002, 415, p. 997

281. "Ultraviolet emissions from the Magnetic Footprints of Io, Ganymede, and Europa on Jupiter", J. T. Clarke et al. *Nature* 2002, 415, p. 997

282. "Auroral Structures at Jupiter and Earth", T. W. Hill. *Advances in Space Research* 2004, 33, p. 2030

283. "Ultraviolet emissions from the Magnetic Footprints of Io, Ganymede, and Europa on Jupiter", J. T. Clarke et al. *Nature* 2002, 415, p. 997

284. *Jupiter Odyssey*, D. M. Harland, Springer/Praxis 2000, p. 273

285. *Jupiter Odyssey*, D. M. Harland, Springer/Praxis 2000, p. 298

286. "Ultraviolet emissions from the Magnetic Footprints of Io, Ganymede, and Europa on Jupiter", J. T. Clarke et al. *Nature* 2002, 415, p. 999

287. "Simultaneous Chandra X ray, Hubble Space Telescope Ultraviolet, and Ulysses Radio Observations of Jupiter's Aurora", R. F. Elsner et al. *Journal of Geophysical Research* 2005, 110, p. 417

288. "Simultaneous Chandra X ray, Hubble Space Telescope Ultraviolet, and Ulysses Radio Observations of Jupiter's Aurora", R. F. Elsner et al. *Journal of Geophysical Research* 2005, 110, p. 418

289. "Simultaneous Chandra X ray, Hubble Space Telescope Ultraviolet, and Ulysses Radio Observations of Jupiter's Aurora", R. F. Elsner et al. *Journal of Geophysical Research* 2005, 110, p. 418

290. "Simultaneous Chandra X ray, Hubble Space Telescope Ultraviolet, and Ulysses Radio Observations of Jupiter's Aurora", R. F. Elsner et al. *Journal of Geophysical Research* 2005, 110, p. 419

291. "A Pulsating Auroral X-ray Hot Spot on Jupiter", G. R. Gladstone et al. *Nature* 2002, 415, p. 1000

292. "Simultaneous Chandra X ray, Hubble Space Telescope Ultraviolet, and Ulysses Radio Observations of Jupiter's Aurora", R. F. Elsner et al. *Journal of Geophysical Research* 2005, 110, p. 419

293. "Simultaneous Chandra X ray, Hubble Space Telescope Ultraviolet, and Ulysses Radio Observations of Jupiter's Aurora", R. F. Elsner et al. *Journal of Geophysical Research* 2005, 110, p. 419

294. "Simultaneous Chandra X ray, Hubble Space Telescope Ultraviolet, and Ulysses Radio Observations of Jupiter's Aurora", R. F. Elsner et al. *Journal of Geophysical Research* 2005, 110, pp. 419-420

295. "Simultaneous Chandra X ray, Hubble Space Telescope Ultraviolet, and Ulysses Radio Observations

of Jupiter's Aurora", R. F. Elsner et al. *Journal of Geophysical Research* 2005, 110, p. 420

296. "A Pulsating Auroral X-ray Hot Spot on Jupiter", G. R. Gladstone et al. *Nature* 2002, 415, p. 1,000

297. "Simultaneous Chandra X ray, Hubble Space Telescope Ultraviolet, and Ulysses Radio Observations of Jupiter's Aurora", R. F. Elsner et al. *Journal of Geophysical Research* 2005, 110, p. 421

298. "Simultaneous Chandra X ray, Hubble Space Telescope Ultraviolet, and Ulysses Radio Observations of Jupiter's Aurora", R. F. Elsner et al. *Journal of Geophysical Research* 2005, 110, p. 422

299. "Simultaneous Chandra X ray, Hubble Space Telescope Ultraviolet, and Ulysses Radio Observations of Jupiter's Aurora", R. F. Elsner et al. *Journal of Geophysical Research* 2005, 110, p. 426

300. *The Giant Planet Jupiter*, J. H. Rogers, Cambridge University Press 1995, pp. 334-336

301. "Surface Changes on Io During the Galileo Mission", P. Geissler, A. McEwen, C. Phillips, L. Keszthelyi, and J. Spencer. *Icarus* 2004, 169, p. 30

302. "Surface Changes on Io During the Galileo Mission", P. Geissler, A. McEwen, C. Phillips, L. Keszthelyi, and J. Spencer. *Icarus* 2004, 169, p. 29

303. "Core Sizes and Internal Structure of Earth's and Jupiter's Satellites", O. L. Kuskov and V. A. Kronrod. *Icarus* 2001, 151, p. 221

304. "Implications from Galileo Observations on the Interior Structure and Chemistry of the Galilean Satellites", F. Sohl, T. Spohn, D. Breuer, and K. Nagel. *Icarus* 2002, 157, p. 105

305. "Core Sizes and Internal Structure of Earth's and Jupiter's Satellites", O. L. Kuskov and V. A. Kronrod. *Icarus* 2001, 151, p. 221

306. *The Giant Planet Jupiter*, J. H. Rogers, Cambridge University Press 1995, p. 337

307. "Surface Changes on Io During the Galileo Mission", P. Geissler, A. McEwen, C. Phillips, L. Keszthelyi, and J. Spencer. *Icarus* 2004, 169, pp. 30, 32-34

308. *Jupiter Odyssey*, D. M. Harland, Springer/Praxis 2000, p. 291

309. *The Giant Planet Jupiter*, J. H. Rogers, Cambridge University Press 1995, pp. 357, 358

310. "Surface Changes on Io During the Galileo Mission", P. Geissler, A. McEwen, C. Phillips, L. Keszthelyi, and J. Spencer. *Icarus* 2004, 169, p. 29

311. "Surface Changes on Io During the Galileo Mission", P. Geissler, A. McEwen, C. Phillips, L. Keszthelyi, and J. Spencer. *Icarus* 2004, 169, p. 59

312. *Jupiter Odyssey*, D. M. Harland, Springer/Praxis 2000, pp. 297-298

313. "Surface Changes on Io During the Galileo Mission", P. Geissler, A. McEwen, C. Phillips, L. Keszthelyi, and J. Spencer. *Icarus* 2004, 169, p. 29

314. "The Final Galileo SSI Observations of Io: Orbits G28 – I33", E. P. Turtle et al. *Icarus* 2004, 169, p. 6

315. "The Final Galileo SSI Observations of Io: Orbits G28 – I33", E. P. Turtle et al. *Icarus* 2004, 169, p. 8

316. "Surface Changes on Io During the Galileo Mission", P. Geissler, A. McEwen, C. Phillips, L. Keszthelyi, and J. Spencer. *Icarus* 2004, 169, p. 31

317. "Surface Changes on Io During the Galileo Mission", P. Geissler, A. McEwen, C. Phillips, L. Keszthelyi, and J. Spencer. *Icarus* 2004, 169, pp. 36, 37

318. "Surface Changes on Io During the Galileo Mission", Paul Geissler, Alfred McEwen, Cynthia Phillips, Laszlo Keszthelyi, and John Spencer. *Icarus* 2004, 169, p. 44

319. "Surface Changes on Io During the Galileo Mission", P. Geissler, A. McEwen, C. Phillips, L. Keszthelyi, and J. Spencer. *Icarus* 2004, 169, p. 51

320. "Surface Changes on Io During the Galileo Mission", P. Geissler, A. McEwen, C. Phillips, L. Keszthelyi, and J. Spencer. *Icarus* 2004, 169, p. 59

321. "Surface Changes on Io During the Galileo Mission", P. Geissler, A. McEwen, C. Phillips, L. Keszthelyi, and J. Spencer. *Icarus* 2004, 169, p. 31

322. *Jupiter Odyssey*, David M. Harland, Springer/Praxis 2000, pp. 314, 315

323. "Surface Changes on Io During the Galileo Mission", P. Geissler, A. McEwen, C. Phillips, L. Keszthelyi, and J. Spencer. *Icarus* 2004, 169, p. 58

324. "Surface Changes on Io During the Galileo Mission", P. Geissler, A. McEwen, C. Phillips, L. Keszthelyi, and J Spencer. *Icarus* 2004, 169, pp. 29, 61

325. "Surface Changes on Io During the Galileo Mission", P. Geissler, A. McEwen, C. Phillips, L. Keszthelyi, and J. Spencer. *Icarus* 2004, 169, p. 62

326. "Surface Changes on Io During the Galileo Mission", P. Geissler, A. McEwen, C. Phillips, L. Keszthelyi, and J. Spencer. *Icarus* 2004, 169, p. 62

327. "Surface Changes on Io During the Galileo Mission", P. Geissler, A. McEwen, C. Phillips, L. Keszthelyi, and J. Spencer. *Icarus* 2004, 169, pp. 56, 57

328. "Surface Changes on Io During the Galileo Mission", P. Geissler, A. McEwen, C. Phillips, L. Keszthelyi, and J. Spencer. *Icarus* 2004, 169, p. 62

329. "The Final Galileo SSI Observations of Io: Orbits G28 – I33", E. P. Turtle et al. *Icarus* 2004, 169, pp. 3, 24

330. *Jupiter Odyssey*, D. M. Harland, Springer/Praxis 2000, p. 341

331. *Jupiter Odyssey*, D. M. Harland, Springer/Praxis 2000, p. 349

332. "The Final Galileo SSI Observations of Io: Orbits G28 – I33", E. P. Turtle et al. *Icarus* 2004, 169, p. 24

333. "Surface Changes on Io During the Galileo Mission", P. Geissler, A. McEwen, C. Phillips, L. Keszthelyi, and J. Spencer. *Icarus* 2004, 169, p. 58

334. "Surface Changes on Io During the Galileo Mission", P. Geissler, A. McEwen, C. Phillips, L. Keszthelyi, and J. Spencer. *Icarus* 2004, 169, p. 37

335. "Surface Changes on Io During the Galileo Mission", P. Geissler, A. McEwen, C. Phillips, L. Keszthelyi, and J. Spencer. *Icarus* 2004, 169, p. 58

336. "Surface Changes on Io During the Galileo Mission", P. Geissler, A. McEwen, C. Phillips, L. Keszthelyi, and J. Spencer. *Icarus* 2004, 169, p. 53

337. "Surface Changes on Io During the Galileo Mission", P. Geissler, A. McEwen, C. Phillips, L. Keszthelyi, and J. Spencer. *Icarus* 2004, 169, p. 61

338. "Surface Changes on Io During the Galileo Mission", P. Geissler, A. McEwen, C. Phillips, L. Keszthelyi, and J. Spencer. *Icarus* 2004, 169, p. 41

339. "Surface Changes on Io During the Galileo Mission", P. Geissler, A. McEwen, C. Phillips, L. Keszthelyi, and J. Spencer. *Icarus* 2004, 169, p. 61

340. "The Final Galileo SSI Observations of Io: Orbits G28 – I33", E. P. Turtle et al. *Icarus* 2004, 169, p. 3

341. *Jupiter Odyssey*, D. M. Harland, Springer/Praxis 2000, p. 346

342. "Ridges and Tidal Stress on Io", G. D. Bart, E. P. Turtle, W. L. Jaeger, L. P. Keszthelyi, and R. Greenberg. *Icarus* 2004, 169, p. 123

343. "Implications from Galileo Observations on the Interior Structure and Chemistry of the Galilean

Satellites", F. Sohl, T. Spohn, D. Breuer, and K. Nagel. *Icarus* 2002, 157, p. 104

344. "Surface Changes on Io During the Galileo Mission", P. Geissler, A. McEwen, C. Phillips, L. Keszthelyi, and J. Spencer. *Icarus* 2004, 169, p. 61

345. *Jupiter Odyssey*, D. M. Harland, Springer/Praxis 2000, p. 294

346. *Jupiter Odyssey*, D. M. Harland, Springer/Praxis 2000, pp. 345, 348

347. *Jupiter Odyssey*, D. M. Harland, Springer/Praxis 2000, pp. 347, 348

348. *Jupiter Odyssey*, D. M. Harland, Springer/Praxis 2000, p. 345

349. *Jupiter Odyssey*, D. M. Harland, Springer/Praxis 2000, pp. 347, 353

350. "Ridges and Tidal Stress on Io", G. D. Bart, E. P. Turtle, W. L. Jaeger, L. P. Keszthelyi, and R. Greenberg. *Icarus* 2004, 169, pp. 111, 113

351. "Ridges and Tidal Stress on Io", G. D. Bart, E. P. Turtle, W. L. Jaeger, L. P. Keszthelyi, and R. Greenberg. *Icarus* 2004, 169, p. 124

352. "Ridges and Tidal Stress on Io", G. D. Bart, E. P. Turtle, W. L. Jaeger, L. P. Keszthelyi, and R. Greenberg. *Icarus* 2004, 169, p. 125

353. "Core Sizes and Internal Structure of Earth's and Jupiter's Satellites", O. L. Kuskov and V. A. Kronrod. *Icarus* 2001, 151, p. 204

354. *Jupiter Odyssey*, D. M. Harland, Springer/Praxis 2000, p. 300

355. *Jupiter Odyssey*, D. M. Harland, Springer/Praxis 2000, pp. 297, 318, 319, 335

356. "Implications from Galileo Observations on the Interior Structure and Chemistry of the Galilean Satellites", F. Sohl, T. Spohn, D. Breuer, and K. Nagel. *Icarus* 2002, 157, p. 105

357. "Core Sizes and Internal Structure of Earth's and Jupiter's Satellites", O. L. Kuskov and V. A. Kronrod. *Icarus* 2001, 151, p. 221

358. *The Giant Planet Jupiter*, J. H. Rogers, Cambridge University Press 1995, p. 331

359. "The Chemical Nature of Europa Surface Material and the Relation to a Subsurface Ocean", T. M. Orlando, T. B. McCord, and G. A. Grieves. *Icarus* 2005, 177, p. 529

360. *Jupiter Odyssey*, D. M. Harland, Springer/Praxis 2000, p. 196

361. "Cassini UVIS Observations of Europa's Oxygen Atmosphere and Torus", C. J. Hansen, D. E. Shemansky, and A.R. Hendrix. *Icarus* 2005, 176, pp. 305, 306, 313

362. "Cassini UVIS Observations of Europa's Oxygen Atmosphere and Torus", C. J. Hansen, D. E. Shemansky, and A.R. Hendrix. *Icarus* 2005, 176, p. 305

363. *Jupiter Odyssey*, D. M. Harland, Springer/Praxis 2000, p. 183

364. "The Chemical Nature of Europa Surface Material and the Relation to a Subsurface Ocean", T. M. Orlando, T. B. McCord, and G. A. Grieves. *Icarus* 2005, 177, p. 532

365. "Effects of Plasticity on Convection in an Ice Shell: Implications for Europa", A. P. Showman and L. Han. *Icarus* 2005, 177, pp. 425, 426

366. "Resurfacing History of Europa from Pole-to-Pole Geological Mapping", P. H. Figueredo and R. Greeley. *Icarus* 2004, 167, p. 287

367. "Putative Ice Flows on Europa: Geometric Patterns and Relation to Topography Collectively Constrain Material Properties and Effusion Rates", H. Miyamoto, G. Mitri, A. P. Showman, and J. M. Dohm. *Icarus* 2005, 177, pp. 413, 414

368. *Jupiter Odyssey*, D. M. Harland, Springer/Praxis 2000, p. 183

369. *Jupiter Odyssey*, D. M. Harland, Springer/Praxis 2000, p. 185

370. "Resurfacing History of Europa from Pole-to-Pole Geological Mapping", P. H. Figueredo and R.

Greeley. *Icarus* 2004, 167, p. 282

371. *Jupiter Odyssey*, D. M. Harland, Springer/Praxis 2000, p. 189

372. *Jupiter Odyssey*, D. M. Harland, Springer/Praxis 2000, pp. 198, 199

373. "Resurfacing History of Europa from Pole-to-Pole Geological Mapping", P. H. Figueredo and R. Greeley. *Icarus* 2004, 167, p. 292

374. *Jupiter Odyssey*, D. M. Harland, Springer/Praxis 2000, pp. 230-231, 232

375. "Mechanics of Tidally Driven Fractures in Europa's Ice Shell", S. Lee, R. T. Pappalardo, and N. C. Makris. *Icarus* 2005, 177, p. 368

376. "Resurfacing History of Europa from Pole-to-Pole Geological Mapping", P. H. Figueredo and R. Greeley. *Icarus* 2004, 167, p. 289

377. "The Temperature of Europa's Subsurface Water Ocean", H. J. Melosh, A. G. Ekholm, A. P. Showman, and R. D. Lorenz. *Icarus* 2004, 168, p. 500

378. "Chaos on Europa", R. Greenberg, G. V. Hoppa, B. R. Tufts, P. Geissler, and J. Riley. *Icarus* 1999, 141, pp. 263, 269

379. "Chaos on Europa", R. Greenberg, G. V. Hoppa, B. R. Tufts, P. Geissler, and J. Riley. *Icarus* 1999, 141, pp. 283, 284

380. "Resurfacing History of Europa from Pole-to-Pole Geological Mapping", P. H. Figueredo and R. Greeley. *Icarus* 2004, 167, p. 287

381. "Resurfacing History of Europa from Pole-to-Pole Geological Mapping", P. H. Figueredo and R. Greeley. *Icarus* 2004, 167, p. 287

382. *Jupiter Odyssey*, D. M. Harland, Springer/Praxis 2000, pp. 185, 192

383. "Impact Features on Europa: Results of the Galileo Europa Mission (GEM)", J. M. Moore et al. *Icarus* 2001, 151, p. 95

384. "Impact Features on Europa: Results of the Galileo Europa Mission (GEM)", J. M. Moore et al. *Icarus* 2001, 151, p. 97

385. "The Heat Flow of Europa", J. Ruiz. *Icarus* 2005, 177, p. 438

386. "Impact Features on Europa: Results of the Galileo Europa Mission (GEM)", J. M. Moore et al. *Icarus* 2001, 151, p. 109

387. "Impact Features on Europa: Results of the Galileo Europa Mission (GEM)", J. M. Moore et al. *Icarus* 2001, 151, pp. 98, 99

388. "Impact Features on Europa: Results of the Galileo Europa Mission (GEM)", Jeffrey M. Moore et al. *Icarus* 2001, 151, pp. 97, 98

389. "Impact Features on Europa: Results of the Galileo Europa Mission (GEM)", J. M. Moore et al. *Icarus* 2001, 151, p. 107

390. "Europa's Crust and Ocean: Origin, Composition, and the Prospects for Life", J. S. Kargel et al. *Icarus* 2000, 148, p. 226

391. "Europa's Icy Shell: Past and Present State, and Future Exploration", F. Nimmo et al. *Icarus* 2005, 177, p. 294

392. "Impact Features on Europa: Results of the Galileo Europa Mission (GEM)", J. M. Moore et al. *Icarus* 2001, 151, p. 95

393. "Impact Features on Europa: Results of the Galileo Europa Mission (GEM)", J. M. Moore et al. *Icarus* 2001, 151, p. 110

394. "Resurfacing History of Europa from Pole-to-Pole Geological Mapping", P. H. Figueredo and R.

Greeley. *Icarus* 2004, 167, pp. 287, 306

395. "Resurfacing History of Europa from Pole-to-Pole Geological Mapping", P. H. Figueredo and R. Greeley. *Icarus* 2004, 167, pp. 299, 305

396. "Resurfacing History of Europa from Pole-to-Pole Geological Mapping", P. H. Figueredo and R. Greeley. *Icarus* 2004, 167, p. 305

397. "Europa's Crust and Ocean: Origin, Composition, and the Prospects for Life", J. S. Kargel et al. *Icarus* 2000, 148, p. 249

398. "Core Sizes and Internal Structure of Earth's and Jupiter's Satellites", O. L. Kuskov and V. A. Kronrod. *Icarus* 2001, 151, p. 204

399. "Core Sizes and Internal Structure of Earth's and Jupiter's Satellites", O. L. Kuskov and V. A. Kronrod. *Icarus* 2001, 151, p. 216

400. "Implications from Galileo Observations on the Interior Structure and Chemistry of the Galilean Satellites", F. Sohl, T. Spohn, D. Breuer, and K. Nagel. *Icarus* 2002, 157, pp. 104, 118

401. "Implications from Galileo Observations on the Interior Structure and Chemistry of the Galilean Satellites", F. Sohl, T. Spohn, D. Breuer, and K. Nagel. *Icarus* 2002, 157, pp. 104, 110, 118

402. "Core Sizes and Internal Structure of Earth's and Jupiter's Satellites", O. L. Kuskov and V. A. Kronrod. *Icarus* 2001, 151, p. 214

403. "Implications from Galileo Observations on the Interior Structure and Chemistry of the Galilean Satellites", F. Sohl, T. Spohn, D. Breuer, and K. Nagel. *Icarus* 2002, 157, p. 105

404. "Implications from Galileo Observations on the Interior Structure and Chemistry of the Galilean Satellites", F. Sohl, T. Spohn, D. Breuer, and K. Nagel. *Icarus* 2002, 157, p. 105

405. "Subsurface Oceans on Europa and Callisto: Constraints from Galileo Magnetometer Observations", C. Zimmer and K. K. Khurana. *Icarus* 2000, 147, p. 239

406. "Europa's Icy Shell: Past and Present State, and Future Exploration", F. Nimmo et al. *Icarus* 2005, 177, p. 294

407. "The Chemical Nature of Europa Surface Material and the Relation to a Subsurface Ocean", T. M. Orlando, T. B. McCord, and G. A. Grieves. *Icarus* 2005, 177, p. 529

408. "Europa's Crust and Ocean: Origin, Composition, and the Prospects for Life", J. S. Kargel et al. *Icarus* 2000, 148, p. 228

409. "The Great Thickness Debate: Ice shell Thickness Models for Europa and Comparisons with Estimates Based on Flexure at Ridges", S. E. Billings and S. A. Katterhorn. *Icarus* 2005, 177, p. 397

410. "The Temperature of Europa's Subsurface Water Ocean", H. J. Melosh, A. G. Ekholm, A. P. Showman, and R. D. Lorenz. *Icarus* 2004, 168, p. 498

411. "Europa's Crust and Ocean: Origin, Composition, and the Prospects for Life", J. S. Kargel et al. *Icarus* 2000, 148, pp. 251-253, 256

412. "Habitats and Taphonomy of Europa", J. H. Lipps and S. Rieboldt. *Icarus* 2005, 177, p. 515

413. *Jupiter Odyssey*, D. M. Harland, Springer/Praxis 2000, p. 242

414. "Internal Structure of Europa and Callisto", O. L. Kuskov and V. A. Kronrod. *Icarus* 2005, 177, p. 559

415. *The Giant Planet Jupiter*, J. H. Rogers, Cambridge University Press 1995, p. 331

416. "Core Sizes and Internal Structure of Earth's and Jupiter's Satellites", O. L. Kuskov and V. A. Kronrod. *Icarus* 2001, 151, p. 221

417. "Implications from Galileo Observations on the Interior Structure and Chemistry of the Galilean

Satellites", F. Sohl, T. Spohn, D. Breuer, and K. Nagel. *Icarus* 2002, 157, p. 105

418. *Jupiter Odyssey*, D. M. Harland, Springer/Praxis 2000, p. 133

419. *Jupiter Odyssey*, D. M. Harland, Springer/Praxis 2000, p. 152

420. *Jupiter Odyssey*, D. M. Harland, Springer/Praxis 2000, p. 134

421. "Formation of Grooved Terrain on Ganymede: Extensional Instability Mediated by Cold, Superplastic Creep", A. J. Dombard and W. B. McKinnon. *Icarus* 2001, 154, p. 321

422. "On the Resurfacing of Ganymede by Liquid-Water Volcanism", A. P. Showman, I. Mosqueira, and J. W. Head III. *Icarus* 2004, 172, pp. 625, 626, 628

423. "Formation of Ganymede Grooved Terrain by Sequential Extensional Episodes: Implications of Galileo Observations for Regional Stratigraphy", G. C. Collins. J. W. Head, and R. T. Pappalardo. *Icarus* 1998, 135, p. 346

424. "Grooved Terrain on Ganymede: First Results from Galileo High-Resolution Imaging", R. T. Pappalardo et al. *Icarus* 1998, 135, pp. 276-278

425. "Grooved Terrain on Ganymede: First Results from Galileo High-Resolution Imaging", R. T. Pappalardo et al. *Icarus* 1998, 135, p. 300

426. "Dark Terrain on Ganymede: Geological Mapping and Interpretation of Galileo Regio at High Resolution", L. M. Prockter et al. *Icarus* 1998, 135, pp. 317, 318, 329, 338

427. "Dark Terrain on Ganymede: Geological Mapping and Interpretation of Galileo Regio at High Resolution", Louise M. Prockter et al. *Icarus* 1998, 135, p. 342

428. "Morphology and Origin of Palimpsests on Ganymede Based on Galileo Observations", K. B. Jones, J. W. Head III, R. T. Pappalardo, and J. M. Moore. *Icarus* 2003, 164, p. 197

429. *The Giant Planet Jupiter*, J. H. Rogers, Cambridge University Press 1995, p. 375

430. *Jupiter Odyssey*, D. M. Harland, Springer/Praxis 2000, p. 134

431. *Jupiter Odyssey*, D. M. Harland, Springer/Praxis 2000, pp. 142, 143

432. *Jupiter Odyssey*, D. M. Harland, Springer/Praxis 2000, p. 150

433. *Jupiter Odyssey*, D. M. Harland, Springer/Praxis 2000, p. 159

434. "On the Resurfacing of Ganymede by Liquid-Water Volcanism", A. P. Showman, I. Mosqueira, and J. W. Head III. *Icarus* 2004, 172, p. 626

435. "Core Sizes and Internal Structure of Earth's and Jupiter's Satellites", O. L. Kuskov and V. A. Kronrod. *Icarus* 2001, 151, pp. 204, 214

436. "Implications from Galileo Observations on the Interior Structure and Chemistry of the Galilean Satellites", F. Sohl, T. Spohn, D. Breuer, and K. Nagel. *Icarus* 2002, 157, p. 104

437. "Implications from Galileo Observations on the Interior Structure and Chemistry of the Galilean Satellites", F. Sohl, T. Spohn, D. Breuer, and K. Nagel. *Icarus* 2002, 157, pp. 104, 106

438. *Jupiter Odyssey*, D. M. Harland, Springer/Praxis 2000, p. 150

439. "Core Sizes and Internal Structure of Earth's and Jupiter's Satellites", O. L. Kuskov and V. A. Kronrod. *Icarus* 2001, 151, p. 214

440. "Implications from Galileo Observations on the Interior Structure and Chemistry of the Galilean Satellites", F. Sohl, T. Spohn, D. Breuer, and K. Nagel. *Icarus* 2002, 157, p. 106

441. "Subsurface Oceans and Deep Interiors of Medium-Sized Outer Planet Satellites and Large Trans-Neptunian Objects", H. Hussmann, F. Sohl, and T. Spohn. *Icarus* 2006, 185, p. 258

442. "Implications from Galileo Observations on the Interior Structure and Chemistry of the Galilean Satellites", F. Sohl, T. Spohn, D. Breuer, and K. Nagel. *Icarus* 2002, 157, p. 105

443. *The Giant Planet Jupiter*, J. H. Rogers, Cambridge University Press 1995, p. 331

444. "Shape, Mean Radius, Gravity Field, and Interior Structure of Callisto", J. D. Anderson, R. A. Jacobson, and T. P. McElrath. *Icarus* 2001, 153, pp. 157, 158

445. "Internal Structure of Europa and Callisto", O. L. Kuskov and V. A. Kronrod. *Icarus* 2005, 177, p. 551

446. "Implications from Galileo Observations on the Interior Structure and Chemistry of the Galilean Satellites", F. Sohl, T. Spohn, D. Breuer, and K. Nagel. *Icarus* 2002, 157, p. 106

447. "Internal Structure of Europa and Callisto", O. L. Kuskov and V. A. Kronrod. *Icarus* 2005, 177, p. 551

448. "Implications from Galileo Observations on the Interior Structure and Chemistry of the Galilean Satellites", F. Sohl, T. Spohn, D. Breuer, and K. Nagel. *Icarus* 2002, 157, p. 106

449. "Subsurface Oceans on Europa and Callisto: Constraints from Galileo Magnetometer Observations", C. Zimmer and K. K. Khurana. *Icarus* 2000, 147, p. 239

450. "Internal Structure of Europa and Callisto", O. L. Kuskov and V. A. Kronrod. *Icarus* 2005, 177, p. 550

451. "Formation of Ganymede Grooved Terrain by Sequential Extensional Episodes: Implications of Galileo Observations for Regional Stratigraphy", G. C. Collins, J. W. Head, and R, T. Pappalardo. *Icarus* 1998, 135, p. 358

452. *Jupiter Odyssey*, D. M. Harland, Springer/Praxis 2000, p. 166

453. *Jupiter Odyssey*, D. M. Harland, Springer/Praxis 2000, p. 171

454. *Jupiter Odyssey*, D. M. Harland, Springer/Praxis 2000, p. 165

455. *Jupiter Odyssey*, D. M. Harland, Springer/Praxis 2000, p. 168

456. *Jupiter Odyssey*, D. M. Harland, Springer/Praxis 2000, p. 177

457. "Galileo Views of the Geology of Callisto", R. Greeley, J. E. Klemaszewski, R. Wagner and the Galileo Imaging Team. *Planetary and Space Science* 2000, 48, p. 829

458. "Galileo Views of the Geology of Callisto", R. Greeley, J. E. Klemaszewski, R. Wagner and the Galileo Imaging Team. *Planetary and Space Science* 2000, 48, p. 829

459. "Morphology and Origin of Palimpsests on Ganymede Based on Galileo Observations", K. B. Jones, J. W. Head III, R. T. Pappalardo, and J. M. Moore. *Icarus* 2003, 164, p. 197

460. *Jupiter Odyssey*, D. M. Harland, Springer/Praxis 2000, p. 178

461. "Core Sizes and Internal Structure of Earth's and Jupiter's Satellites", O. L. Kuskov and V. A. Kronrod. *Icarus* 2001, 151, p. 214

462. "Implications from Galileo Observations on the Interior Structure and Chemistry of the Galilean Satellites", F. Sohl, T. Spohn, D. Breuer, and K. Nagel. *Icarus* 2002, 157, pp. 104, 117

463. "Shape, Mean Radius, Gravity Field, and Interior Structure of Callisto", J. D. Anderson, R. A. Jacobson, and T. P. McElrath. *Icarus* 2001, 153, p. 160

464. *Jupiter Odyssey*, D. M. Harland, Springer/Praxis 2000, p. 180

465. "Internal Structure of Europa and Callisto", O. L. Kuskov and V. A. Kronrod. *Icarus* 2005, 177, p. 563

466. "Formation of Ganymede Grooved Terrain by Sequential Extensional Episodes: Implications of Galileo Observations for Regional Stratigraphy", G. C. Collins. J. W. Head, and R. T. Pappalardo. *Icarus* 1998, 135, p. 345

467. *Jupiter: The Planet, Satellites, and Magnetosphere*, D. C. Jewett, S. Sheppard, and C. Porco.

Cambridge University Press 2004, Chapter 12, p. 1

468. "An Abundant Population of Small Irregular Satellites Around Jupiter", S. S. Sheppard and D. C. Jewitt. *Nature* 2003, 423, p. 261

469. "An Abundant Population of Small Irregular Satellites Around Jupiter", S. S. Sheppard and D. C. Jewitt. *Nature* 2003, 423, p. 261

470. *Jupiter: The Planet, Satellites, and Magnetosphere*, D. C. Jewett, S. Sheppard, and C. Porco. Cambridge University Press 2004, Chapter 12, p. 6

471. "Outer Irregular Satellites of the Planets and their Relationship with Asteroids, Comets, and Kuiper Belt Objects", S. C. Sheppard. *Asteroids, Comets, Meteors: Proceedings IAU Symposium No. 229*, 2005, pp. 327-329

472. "Outer Irregular Satellites of the Planets and their Relationship with Asteroids, Comets, and Kuiper Belt Objects", S. C. Sheppard. *Asteroids, Comets, Meteors: Proceedings IAU Symposium No. 229*, 2005, p. 328

473. *Jupiter: The Planet, Satellites, and Magnetosphere*, D. C. Jewett, S. Sheppard, and C. Porco. Cambridge University Press 2004, Chapter 12, pp. 8, 9

474. *Neptune: the Planet, Rings, and Satellites*, E. D. Miner and R. R. Wessen. Springer/Praxis 2002, pp. 28, 238

475. *Neptune: the Planet, Rings, and Satellites*, E. D. Miner and R. R. Wessen. Springer/Praxis 2002, p. 174

476. "The Structure of Jupiter's Ring System as Revealed by the Galileo Imaging Experiment", M. E. Ockert-Bell, J. A. Burns, I. J. Daubar, P. C. Thomas, and J. Veverka. *Icarus* 1999, 138, p. 188

477. "The Size Distribution of Jupiter's Main Ring from Galileo Imaging and Spectroscopy", S. M. Brooks, L. W. Esposito, M. R. Showalter, and H. B. Throop. *Icarus* 2004, 170, p. 35

478. "The Size Distribution of Jupiter's Main Ring from Galileo Imaging and Spectroscopy", S. M. Brooks, L. W. Esposito, M. R. Showalter, and H. B. Throop. *Icarus* 2004, 170, pp. 43, 44

479. "The Size Distribution of Jupiter's Main Ring from Galileo Imaging and Spectroscopy", S. M. Brooks, L. W. Esposito, M. R. Showalter, and H. B. Throop. *Icarus* 2004, 170, pp. 50, 51, 52, 54, 55

480. "Galileo NIMS Near-Infrared Observations of Jupiter's Ring System", S. McMuldroch, S. H. Pilorz, G. E. Danielson, and the NIMS Science Team. *Icarus* 2000, 146, p. 2

481. "The Size Distribution of Jupiter's Main Ring from Galileo Imaging and Spectroscopy", S. M. Brooks, L. W. Esposito, M. R. Showalter, and H. B. Throop. *Icarus* 2004, 170, p. 36

482. *Jupiter Odyssey*, D. M. Harland, Springer/Praxis 2000, p. 286

483. "The Size Distribution of Jupiter's Main Ring from Galileo Imaging and Spectroscopy", S. M. Brooks, L. W. Esposito, M. R. Showalter, and H. B. Throop. *Icarus* 2004, 170, p. 36

484. "The Structure of Jupiter's Ring System as Revealed by the Galileo Imaging Experiment", M. E. Ockert-Bell, J. A. Burns, I. J. Daubar, P. C. Thomas, and J. Veverka. *Icarus* 1999, 138, p. 189

485. *Jupiter Odyssey*, D. M. Harland, Springer/Praxis 2000, p. 283

486. "The Structure of Jupiter's Ring System as Revealed by the Galileo Imaging Experiment", M. E. Ockert-Bell, J. A. Burns, I. J. Daubar, P. C. Thomas, and J. Veverka. *Icarus* 1999, 138, p. 189

487. "The Structure of Jupiter's Ring System as Revealed by the Galileo Imaging Experiment", M. E. Ockert-Bell, J. A. Burns, I. J. Daubar, P. C. Thomas, and J. Veverka. *Icarus* 1999, 138, p. 189

488. "The Structure of Jupiter's Ring System as Revealed by the Galileo Imaging Experiment", M. E. Ockert-Bell, J. A. Burns, I. J. Daubar, P. C. Thomas, and J. Veverka. *Icarus* 1999, 138, p. 188

489. "Galileo NIMS Near-Infrared Observations of Jupiter's Ring System", S. McMuldroch, S. H. Pilorz, G. E. Danielson, and the NIMS Science Team. *Icarus* 2000, 146, p. 2

490. "The Structure of Jupiter's Ring System as Revealed by the Galileo Imaging Experiment", M. E. Ockert-Bell, J. A. Burns, I. J. Daubar, Peter C. Thomas, and Joseph Veverka. *Icarus* 1999, 138, pp. 207, 208

491. "Galileo NIMS Near-Infrared Observations of Jupiter's Ring System", S. McMuldroch, S. H. Pilorz, G. Edward Danielson, and the NIMS Science Team. *Icarus* 2000, 146, p. 10

492. *Jupiter Odyssey*, D. M. Harland, Springer/Praxis 2000, pp. 284-288

493. "The Jovian Rings: New Results Derived from Cassini, Galileo, Voyager, and Earthbased Observations", H. B. Throop, C. C. Porco, R. A. West, J. A. Burns, M. R. Showalter, and P. D. Nicholson. *Icarus* 2004, 172, p. 67

494. "The Structure of Jupiter's Ring System as Revealed by the Galileo Imaging Experiment", M. E. Ockert-Bell, J. A. Burns, I. J. Daubar, P. C. Thomas, and J. Veverka. *Icarus* 1999, 138, p. 189

495. "The Size Distribution of Jupiter's Main Ring from Galileo Imaging and Spectroscopy", S. M. Brooks, L. W. Esposito, M. R. Showalter, and H. B. Throop. *Icarus* 2004, 170, p. 39

496. "The Structure of Jupiter's Ring System as Revealed by the Galileo Imaging Experiment", M. E. Ockert-Bell, J. A. Burns, I. J. Daubar, P. C. Thomas, and J. Veverka. *Icarus* 1999, 138, p. 196

497. "The Jovian Rings: New Results Derived from Cassini, Galileo, Voyager, and Earth-based Observations", H. B. Throop, C. C. Porco, R. A. West, J. A. Burns, M. R. Showalter, and P. D. Nicholson. *Icarus* 2004, 172, p. 59

498. "The Size Distribution of Jupiter's Main Ring from Galileo Imaging and Spectroscopy", S. M. Brooks, L. W. Esposito, M. R. Showalter, and H. B. Throop. *Icarus* 2004, 170, pp. 36-38, 55

499. "The Structure of Jupiter's Ring System as Revealed by the Galileo Imaging Experiment", M. E. Ockert-Bell, J. A. Burns, I. J. Daubar, P. C. Thomas, and J. Veverka. *Icarus* 1999, 138, p. 196

500. "The Jovian Rings: New Results Derived from Cassini, Galileo, Voyager, and Earth-based Observations", H. B. Throop, C. C. Porco, R. A. West, J. A. Burns, M. R. Showalter, and P. D. Nicholson. *Icarus* 2004, 172, pp. 59, 69

501. "The Structure of Jupiter's Ring System as Revealed by the Galileo Imaging Experiment", M. E. Ockert-Bell, J. A. Burns, I. J. Daubar, P. C. Thomas, and J. Veverka. *Icarus* 1999, 138, p. 196

502. "The Size Distribution of Jupiter's Main Ring from Galileo Imaging and Spectroscopy", S. M. Brooks, L. W. Esposito, M. R. Showalter, and H. B. Throop. *Icarus* 2004, 170, pp. 50-52, 54

503. "The Jovian Rings: New Results Derived from Cassini, Galileo, Voyager, and Earth-based Observations", H. B. Throop, C. C. Porco, R. A. West, J. A. Burns, M. R. Showalter, and P. D. Nicholson. *Icarus* 2004, 172, pp. 59, 60

504. "The Galileo Star Scanner Observations of Amalthea", P. D. Fieseler et al. *Icarus* 2004, 169, p. 390

505. "The Structure of Jupiter's Ring System as Revealed by the Galileo Imaging Experiment", M. E. Ockert-Bell, J. A. Burns, I. J. Daubar, P. C. Thomas, and J. Veverka. *Icarus* 1999, 138, p. 188

506. "The Structure of Jupiter's Ring System as Revealed by the Galileo Imaging Experiment", M. E. Ockert-Bell, J. A. Burns, I. J. Daubar, P. C. Thomas, and J. Veverka. *Icarus* 1999, 138, p. 203

507. "The Structure of Jupiter's Ring System as Revealed by the Galileo Imaging Experiment", M. E. Ockert-Bell, J. A. Burns, I. J. Daubar, P. C. Thomas, and J. Veverka. *Icarus* 1999, 138, pp. 206, 207

508. "The Jovian Rings: New Results Derived from Cassini, Galileo, Voyager, and Earth-based Observations", H. B. Throop, C. C. Porco, R. A. West, J. A. Burns, M. R. Showalter, and P. D.

Nicholson. *Icarus* 2004, 172, pp. 70-72, 75

509. *The Giant Planet Jupiter*, J. H. Rogers, Cambridge University Press 1995, p. 402

510. *A Complete Manual of Amateur Astronomy*, C. P. Sherrod, Prentice-Hall, Inc., 1981, p. 9

511. *Visual Observations of the Planet Saturn and its Satellites: Theory and Methods*, J. L. Benton, Jr., Associates in Astronomy 1985, p. 35

512. *The Planet Jupiter*, B. M. Peek, Faber and Faber, Ltd., 2nd edition Patrick Moore 1981, p. 39

513. *Digital Astrophotography: the State of the Art*, D. Ratledge, (editor). Springer-Verlag London Limited 2005, p. 2

514. *Digital Astrophotography: the State of the Art*, David Ratledge, (editor). Springer-Verlag London Limited 2005, pp. 2, 3

515. "Processing Webcam Images with *Registax*", Cor Berrevoets. *Sky and Telescope* 2004, 107, pp. 130-165

516. *The Giant Planet Jupiter*, J. H. Rogers. Cambridge University Press 1995, p. 391

517. *The Planet Jupiter*, B. M. Peek, Faber and Faber, Ltd., 2nd edition Patrick Moore 1981, pp. 45-50

518. *The Giant Planet Jupiter*, J. H. Rogers. Cambridge University Press 1995, p. 396

519. *The Planet Jupiter*, B. M. Peek, Faber and Faber, Ltd., 2nd edition Patrick Moore 1981, p. 49

520. *The Planet Jupiter*, B. M. Peek, Faber and Faber, Ltd., 2nd edition Patrick Moore 1981, pp. 45-50

521. *The Giant Planet Jupiter*, J. H. Rogers. Cambridge University Press 1995, p. 396

522. *The Giant Planet Jupiter*, J. H. Rogers. Cambridge University Press 1995, p. 397

523. *Jupiter Observer's Handbook*, R. Schmude, Jr. The Astronomica League 2004, pp. 6-7

524. *Jupiter Observer's Handbook*, R. Schmude, Jr. The Astronomica League 2004, pp. 6-7

525. *Jupiter Observer's Handbook*, R. Schmude, Jr. The Astronomica League 2004, pp. 6-7

术语译名对照表

Aerosols 气溶胶

Amateur organizations 业余爱好者组织

Association of Lunar and Planetary Observers
国际月球和行星观测者协会

Asteroids 小行星

Atmosphere 大气

Belts 带

British Astronomical Association 英国天文协会

Callisto 木卫四

-craters 撞击坑

-crust 地壳

-cryovolcanism 冰火山

-ejecta rays 冰火山喷射物射线

-exosphere 外逸层

-liquid ocean 液态海洋

-magnetic field 磁场

-mantle 地幔

-mass wasting 物质坡移

-multiple ringed-basins 撞击盆地

-palimpsests 变余结构

-tectonic activity 地壳构造活动

Cassegrain 卡塞格林望远镜

Cassini, Giovanni Dominico 乔瓦尼·多梅尼
科·卡西尼

CCD imaging CCD 成像

Central meridian 中央子午线

Central meridian transit timings 中央子午线
凌星计时

Chromophores 发色团

Color filters 彩色滤光片

Comets 彗星

Drawing Jupiter 绘制木星

-full disk drawing 全盘绘图

-strip sketch 条纹草图

Drift charts 漂移图表

Eclipses 交食

Electromagnetic environment 电磁环境

Europa 木卫二

-chaos 混沌

-cycloids 摆线

-linear features 线性特征

-mass 质量

-mountains 山

-orbit 轨道

-plains 平原

-ridges 山脊

-stratosphere 平流层

-torus 圆环

-wedges 楔形

Eyepieces 目镜

Filters 滤光片

Galilean moons 伽利略卫星

Galileo Galilei 伽利略·伽利雷

Galileo probe "伽利略号"探针

Ganymede 木卫三

-aurora 极光

-faulting 断层作用

-grooves 沟槽

-ionosphere 电离层

-lava 熔岩

-magnetosphere 磁层

-volcanic activity 火山活动

Great Red Spot 大红斑

Hazes 薄雾

Impactor chemistry 撞击化学

Intensity estimates 估测强度

Interplanetary shocks, shock waves 行星际
激波，激波

Io 木卫一

-lava lakes 熔岩湖

-plate tectonics 板块构造

-plumes 羽流

-resurfacing 地表重塑

-silicate 硅酸盐

-sulfur 硫

-sulfur rings 硫环

-tidal flexing 潮汐弯曲

-volcanic gases 火山气体

Jupiter 木星

-auroral footprint 极光足迹

-auroral ovals 极光椭圆区

-axial tilt 轴倾角

-barges 驳船

-bow shock 弓形激波

-clouds 云层

-cold plasma 冷等离子体

-differential rotation 较差自转

-equatorial band 赤道带

-equatorial region 赤道地区

-equatorial zone 赤道区

-equatorial zone coloration event 赤道区着
色事件

-festoons 垂饰物

-hot plasma 热等离子体

-hotspots 热斑

-inner zone 内区

-Io flux tube 木卫一磁流管

-infrared radiation, infrared 红外辐射，红外

-lightning 闪电

-magnetic footprints 磁足迹

-magnetic flux tube 磁流管

-magnetopause 磁层顶

-magnetosheath 磁鞘

-magnetotail 磁（层）尾

-middle zone 中间区

-mid-SEB outbreak 南赤道带中部爆发

-north equatorial belt 北赤道带

-north equatorial current 北赤道带气流

-north north temperate belt 北北温带带

-north north temperate region 北北温带区

-north polar region 北极地区

-north temperate belt 北温带带

-north temperate region 北温带地区

-north temperate zone 北温带区

-north tropical band 北热带带

-north tropical current 北热带气流

-north tropical region 北热带地区

-north tropical zone 北热带区

-outer zone 外区

-plasma, plasma sheet 等离子体，等离子
体片

-plateau 高原

-projections 凸出物

-porthole 舷窗

-radiation belts 辐射带

-radio emission 射电辐射

-radius 半径

-rapid moving spots 快速移动斑

-Red Spot, Jr 小红斑

-Red Spot Hollow 大红斑穴

-rifts 裂谷

-rotation periods 旋转周期

-SEB fadings 南赤道带消退

-SEB Revival 南赤道带复生

-SEB zone 南赤道带区

-sodium cloud 钠云

-south equatorial belt 南赤道带

-south equatorial disturbance 南赤道带扰动

-south polar region 南极地区

-south south south temperate current 南南南温带气流

-south south temperate belt 南南温带带

-south south temperate ovals 南南温带椭圆

-south south temperate region 南南温带地区

-south south temperate zone 南南温带区

-south temperate belt 南温带带

-south temperate current 南温带气流

-South Temperate Dark Spot of 1998 1998南温带暗斑

-south temperate oval 南温带椭圆

-south temperate zone 南温带区

-south temperate region 南温带地区

-south tropical band 南热带带

-south tropical dislocation 南热带错位

-south tropical disturbance 南热带扰动

-south tropical region 南热带地区

-south tropical zone 南热带区

-STB fade 南温带带消退

-storms 风暴

-stratopause 平流层顶

-stratospheric haze 平流层薄雾

-surface gravity 表面重力

-system I 系统 I

-system II 系统 II

-system III 系统 III

-thermosphere 增温层

-tropopause 对流层顶

-troposphere 对流层

-tropospheric cloud 对流层云

-tropospheric haze 对流层薄雾

-vortex, vortice 涡流，漩涡

-white ovals 白椭圆

-white spot "Z" "Z" 字形白斑

-wind and jet streams 风和急流

-X-ray emissions X 射线辐射

Kuiper Belt 柯伊伯带

Moons of Jupiter 木星的卫星

-Adrastea 木卫十五

-Amalthea 木卫五

-inner satellites 内卫星

-irregular satellites 不规则卫星

-Metis 木卫十六

-prograde 顺行

-regular satellites 规则卫星

-retrograde 逆行

-Thebe 木卫十四

Mountings 望远镜架台

-alt-azimuth 经纬仪

-declination axis 赤纬轴

-dobsonian 多布森反射望远镜

-polar axis 极轴

Occultations 掩星

Ort Cloud 奥尔特云

Peek, Bertrand M. 伯特兰·M. 皮克

Photochemical smog 光化学烟雾

Photo-chemistry 光化学

Photography 摄影

 -eyepiece projection 目镜投影

Planetary wind 行星风

Pressure 压力

Refractor 折射镜

Reporting 报告

Ring system 木星环系统

 -dust 尘埃

 -gossamer ring 薄纱环

 -halo ring 哈洛环

 -main ring 主环

 -Metis notch 木卫十六裂口

Schmidt-cassegrain 施密特－卡塞格林望远镜

Seeing 视宁度

Shoemaker-Levy 9 comet "苏梅克－列维9号"彗星

Smog 烟雾

Solar wind 太阳风

Spectra, spectrum 光谱

Synchrotron radiation 同步加速辐射

Telescopes 望远镜

 -chromatic aberration 色差

 -Dawes limit 道斯极限

 -fork-equatorial mounting 叉式赤道仪架台

 -german-equatorial mounting 德式赤道仪架台

 -Newtonian reflecting telescope 牛顿反射望远镜

 -resolution 分辨率

Terminology and nomenclature 术语和命名法

 -bay 湾形

 -column 柱

 -condensation 冷凝体

 -following 后随

 -gap 裂口

 -looping festoon 环形垂饰

 -nodule 凝团

 -notch 凹口

 -oval 椭圆

 -preceding 前导

 -rod 棒状

 -shading 阴影

 -veil 薄纱

Thermo-chemical furnace 热化学熔炉

Transits 凌星

Transit timings 凌星计时

Transparency 透明度

Trojans 特洛伊小行星

Webcams, imaging with webcams 网络摄像机，网络摄像机成像

 -data measurement and analysis 数据测量和分析

 -processing images 图像处理

致

谢

我非常感谢我的朋友和同事为这本书付出的努力。我要感谢所有与我合作，慷慨为本书提供插图的天文爱好者，包括唐纳德·C.帕克、埃德·格拉夫顿、P.克莱·谢罗德（P. Clay Sherrod）、埃里克·吴、达米安·皮奇（Damian Peach）、克里斯托弗·戈（Christopher Go）、克里斯蒂安·法廷南齐、布雷迪·理查森（Brady Richardson）、特鲁迪·勒杜（Trudy LeDoux）和戴夫·艾斯费尔特（Dave Eisfeldt）。

我也要感谢编辑迈克·英格利斯（Mike Inglis）和斯普林格（Springer）出版社邀请我写这本书。感谢他们耐心地给予我足够的时间完成这本书。

非常感谢我的同事——国际月球和行星观测者协会的工作人员，感谢他们的支持和友情。同样，我在得克萨斯州天文学会中心的朋友也给予了我巨大的精神支持和鼓励。

最后，感谢艾米·西蒙–米勒、格伦·奥顿和斯科特·C.谢泼德（Scott C. Sheppard），他们帮助我收集论文和材料，也进行了多次有意义的讨论。他们的支持和友谊对我来说是无价的。

联系作者可通过：

电子邮件：cpajohnm@aol.com

或

国际月球和行星观测者协会网站

图书在版编目（CIP）数据

观测木星 ／（美）约翰·W.麦卡纳利著；萧遊译.
上海：上海三联书店，2024.8. ——（仰望星空）.
ISBN 978-7-5426-8587-2

I.P185.4

中国国家版本馆 CIP 数据核字第 2024PK8062 号

观测木星

著　　者／〔美国〕约翰·W.麦卡纳利

译　　者／萧　遊

责任编辑／王　建　樊　钰

特约编辑／徐　静

装帧设计／鹏飞艺术

监　　制／姚　军

出版发行／上海三联书店

　　　　　（200041）中国上海市静安区威海路755号30楼

联系电话／编辑部：021-22895517

　　　　　发行部：021-22895559

印　　刷／三河市中晟雅豪印务有限公司

版　　次／2024 年 8 月第 1 版

印　　次／2024 年 8 月第 1 次印刷

开　　本／960×640　1/16

字　　数／142千字

印　　张／18.25

ISBN 978-7-5426-8587-2 / P·13

定　价：39.80元

First published in English under the title
Jupiter and How to Observe It
by John W. McAnally, edition: 1
Copyright © Springer-Verlag London, 2008
This edition has been translated and published under licence from
Springer-Verlag London Ltd., part of Springer Nature.
Springer-Verlag London Ltd., part of Springer Nature takes no responsibility
and shall not be made liable for the accuracy of the translation.
Simplified Chinese language copyright © 2024
by Phoenix-Power Cultural Development Co., Ltd.
All rights reserved.

本书中文简体版权归北京凤凰壹力文化发展有限公司所有，
并授权上海三联书店有限公司出版发行。
未经许可，请勿翻印。

著作权合同登记号　图字：10-2022-206 号